La otra sombra de Volkswagen

Mateo Federico Frías González

La otra sombra de Volkswagen

CLV
LIBROS

La otra sombra de Volkswagen

Mateo Federico Frías González

Editado y producido por:

CULTIVA LIBROS

C/ Méndez Álvaro 18 2ª Pl.

Madrid 28045

España

912049636

www.cultivalibros.com

info@cultivalibros.com

Impreso en España

ISBN: 9788416849765

Maquetación y diseño:

1ª PARTE

PRÓLOGO

Una historia vivida por uno de los trabajadores del grupo Volkswagen, que con este libro quiere contar la percepción que tiene, corroborando si la opinión y experiencias que corre entre algunos de sus empleados son las mismas o parecidas.

"La otra sombra" de sospecha que planea y que hoy podría ser un secreto a voces, pudiendo elevarse a categoría de denuncia pública, merece la pena que pueda ver la luz.

Las malas prácticas ejercidas en estos últimos años por algunos de los directivos de esta multinacional, que ha terminado por emborronar su propio sello con el escándalo de los motores trucados, puede que no haya llegado hasta ahí por mera casualidad, sino por un mal funcionamiento interno que haya acabado por dar la espalda a sus trabajadores, sobre todo a los que participan en empresas proveedoras, pensando solo en crecer a costa de lo que sea, dejando en un segundo plano factores humanos tan importantes como la salud física y mental.

En apariencia los puestos de trabajo no presentan signos de anormalidad y están diseñados para que el trabajador se encuentre en las mejores condiciones posibles y obtenga la máxima productividad, sin embargo pasa desapercibido que cuando el operario se enfrenta día a día ante ellos, está sometido a un permanente estrés, y queda abocado a contraer posibles enfermedades laborales propias del desgaste, que no quieren ser reconocidas desde un principio por las mutuas, y requiere de una demostración casi científica por parte del trabajador, casos como son la tendinitis, epicondilitis contracturas, hernias discales, pinzamientos, lumbalgias, etc... o en el caso mental las depresiones y los cuadros de ansiedad.

Estás empresas están siendo permanentemente favorecidas por los estados, a través de subvenciones y reducciones de impuestos con el fin de generar economía y puestos de trabajo.

Fabricar un coche, es de las cosas más apasionantes que puede realizar un trabajador, por el fantástico resultado final, pero el hacerlo hoy en día puede tener un coste social elevado, sobre todo por esa falta de motivación a la que se enfrenta el trabajador cada día, a pesar de ser consciente que es un privilegiado al tener la suerte de formar parte de las filas de una gran grupo.

Empresas que marcan un modelo a seguir, deben dar otro ejemplo, y no perseguir el beneficio a toda costa.

Quizás esta visión personal, adquirida durante estos largos años, sea subjetiva y fruto de mi despecho por el despedido del que fui víctima, de la manera más vil y cruel que se pueda conocer. Por eso intentaré ser cuidadoso con mis verdades y al final de este libro solicitaré el respaldo de los compañeros lectores según sus propias experiencias contraídas.

Mi objetivo es ayudar a la marca en mejorar su imagen, utilizando en algún momento una áspera y dura crítica. Ahora que está expuesta y obligada a dar explicaciones públicas, creo que es el momento de que la opinión del trabajador se tenga tenida en cuenta más que nunca, para que en el nuevo proceso que se abre de lavado de imagen, en la nueva andadura que emprenderá, sin duda, el grupo Volkswagen, estos temas que preocupan al trabajador se aborden, sean tratados e incorporados a una nueva línea de construcción empresarial-social sostenible, fiable y sólida.

Introducción a los capítulos

Capítulo I
Viernes 13

Hoy viernes día 13 de noviembre del 2015, salgo ante la opinión pública con este libro para recoger la denuncia colectiva sobre las malas prácticas ejercidas por algunos de los directivos del grupo Volkswagen...

Capítulo II
Los Inicios

Rondaba por el año 1955, en los años de la posguerra en el que mi padre tuvo que emigrar de un pueblecito de la sierra alpujarreña, Rubite, situado entre Sierra Nevada y la costa tropical de Granada, un lugar castigado por la guerra civil del 1946 que estuvo sitiado por el bando rojo. A lo alto cruza una carretera que traza la línea que separó los dos frentes y desde la que se puede divisar a un lado las cumbres siempre nevadas del Veleta y

Mulhacén y al otro, abajo a lo lejos, Rubite y más al fondo la mar...

Capítulos III, IV y V
Autobiográficos

Para conocer en profundidad el perfil del personaje.

Capítulos VI, VII y VIII
LA VIDA LABORAL Y FAMILIAR

Con 20 años mi padre me encontró trabajo en una de las empresas proveedoras de Seat, Seincosa S.L. dedicada a realizar las tareas de la limpieza técnica en las instalaciones del Taller de Pinturas. Consistía en eliminar los restos de pintura que se habían depositado en los lugares por donde transitaban las carrocerías remolcadas por cadenas transportadoras aéreas y terrestres. Estaban las Cabinas de Pintura, los Lavaderos, Los Extractores, Los Regaderos, Los Pozos, las Máquinas de Pintar, Hornos, Túneles de Pretratamiento, Pulmones, etc...

Capítulo IX
La primera caída

De vuelta al trabajo, entro por primera vez por las puertas de Martorell, me presento ante el Sr. De Castro con mi nuevo mono de trabajo.

—Hola Sr. De Castro.

Me dirijo hacia él, extendiendo mi mano.

Extendiéndome la suya, no con mucho ánimo, las estrechamos.

Pocos minutos duró el encuentro, pero suficientes para ver que no estaba siendo bien recibido.

Alejándose de mí, y dirigiéndose de nuevo hacia su mesa, volviéndose de nuevo hacia mí, afirmó.

—Eres un trabajador. Te enviaremos al Taller 4 donde se hace el proceso del TTS y masillas que tu ya conocías de la Zona Franca, de este taller el gerente es Bonet, que será el encargado de que aprendas todos los puestos para que más adelante puedas llevar un grupo, con la categoría de Portavoz y luego ya se verá si puedes llegar a la de Supervisor que es la equivalente a la que tu tenías de Encargado.

—De acuerdo.

No tarde en aceptar el reto.

Lo que me encuentro al llegar a la nueva zona de trabajo, el GAD, es a los que iban a ser mis compañeros, antiguos operarios míos y los chicos jóvenes que estaban gestionando la línea.

El Supervisor se presentó.

—Hola Mateo, me ha dicho Bonet que vienes aquí con nosotros.

El chico con su pendiente en la oreja, me chocaba, por la poca seriedad que transmitía. Sin embargo en pocos días acepté que estaba ante una gran cambio, había pasado de unas instalaciones arcaicas, rudimentarias y antiguas, como eran las de Zona Franca, a estas otras construida con las nuevas tecnologías, lo que les hacía distanciarse en el tiempo en medio siglo.

Ante la realidad del momento había que adaptarse a los nuevos tiempos. Abierto como una esponja, me ponen a trabajar en el primer puesto de la línea.

—Me ha dicho Bonet que te enseñe todos los puestos de la línea. Este es el primero. ¿Ya sabes de qué va no?

—Si poner los tapones en el piso.

Al levantar la cabeza después de hacer las primeras carrocerías, encuentro a uno de los que había sido mis operarios.

—Hombre, Manuel que haces por aquí.

—¿Y tú?

Esa corta contestación, estaba llena de contenido.

En un corto paréntesis de silencio, me dio tiempo de llegar a pensar, ¡es verdad, que es lo que hago yo aquí!, ¡si tenía que empezar de cero, porque no me pusieron en otro lugar donde no tuviera que pasar yo y hacer pasar a los demás por este mal trago!.....

CAPÍTULO X
LA DECADENCIA

Este nuevo camino y que aún a día de hoy dura, por lo que se ha convertido en el más largo de mi vida, empieza con el despido de mi hermana, ejecutado por el departamento de Recurso Humanos de Seat. Tras sufrir un accidente laboral, y después de unos meses de baja, la empresa decidió contratar los servicios de una empresa de detectives privados para poder demostrar que mi hermana estaba fingiendo una baja. Una vez llegado a juicio, mi hermana pudo demostrar con documentación y testigos la falsedad de los hechos argumentados por la empresa para ser despedida...

Yo como siempre era fiel a mi trabajo, pero observaba como poco a poco me iban apartando, me daban menos tareas, en las reuniones de principio de turno a donde asistíamos Producción, Proveedores y Laboratorio, decidieron suspenderlas en mi turno para Proveedores y Laboratorio, para días más tarde dejar retornar a los Proveedores dejándome excluido a mi exclusivamente, en un acto claro de Mobing...

CAPÍTULO XI
LA TIENDA

Nos pusimos rápidamente manos a la obra, como siempre que a mí se me ocurría una locura, porque no había tiempo que perder, teníamos que acabar con esta nueva idea lo antes posible, porque la duda a veces nos mueve y nos lleva por derroteros inimaginables, por el hecho de pensar y preguntarnos, y si no es una locura.

Lo primero que hicimos, fue buscar un local en donde exponer nuestros futuros coches, en un lugar apropiado por su ubicación...

CAPÍTULO XII
EL DESPIDO

4 meses después, cuando llevaba 2 horas de trabajo en el turno de tarde, me llaman por teléfono para que acudiera a las oficinas de personal....

Carta al presidente de Seat

Hola Sr. Jürgen, me dirijo a usted en esta carta para que me conozca un poco más.

Tuve la ocasión de conocerle en la celebración de la Copa Seat León que tuvo lugar en el Circuito de Cataluña.

Actualmente trabajo en la empresa PMS que realiza componentes para Seat en la planta de Martorell, es la empresa proveedora que visitó recientemente en Castellbisbal. Como verá mi curriculum está totalmente ligado al mundo de la automoción, especialmente al de SEAT, ahora como operario en empresa proveedora, por mi señora que forma parte de la plantilla, por amigos y por jubilados como mi padre. Además sigo siendo consumidor de la marca por la que siempre me he sentido atraído

Los lazos afectivos hacia Seat, laboralmente hablando, lejos de disminuir han ido en aumento, la experiencia, la capacidad de trabajo y las ganas de seguir participando, también.

Es por todo ello que en este momento me ofrezco a Seat a través de su Presidente para que si considera oportuno, poder volver a reencontrarme con mis compañeros, amigos y colegas, participando en nuevos proyectos de futuro y seguir creciendo con la marca de una manera más directa dentro de su propio seno.

Sr. Jürgen, espero poder contarle y transmitirle en persona una gran historia, vivida por una familia que viene trabajando en SEAT desde el año 1957 cuando comenzó a fabricarse el Seat 600, en ese año entró mi padre, hoy ya jubilado y que ha continuado conmigo durante 21 años, hasta el 2009, y con mi señora que sigue trabajando actualmente. También espero contarle lo que motivó el paréntesis de estos últimos 5 años...

CAPÍTULO XIII
EL RENACIDO

Con la situación familiar estabilizada de nuevo, una tarde que nos encontrábamos reunidos los 4 sentados a la mesa, escuchando y viendo las noticias, escuchamos una de ellas por boca del locutor.

—Atentos a esta noticia, la Multinacional de la marca Volkswagen, ha sido denunciada por el gobierno de los EE UU. de haber trucado sus motores para cumplir con la normativa de emisiones de este país, y así poder introducirse en este nuevo mercado. Lo más curioso es que VW a reconocido dicho fraude, sin ninguna otra objeción.....

...Por buscar un símil, me pararon en la frontera con tabaco negro ilícito, mientras por la otra vía estaban colando el tabaco rubio, quitándose desde el principio y de raíz un tonto que podía en un futuro intentar pasar también tabaco rubio. Si hasta la fecha nunca había sabido cual fue la causa real de mi despido, y las circunstancias tan extrañas, de extremo secretismo en que se produjo, esta teoría cogía fuerza y pesaba mucho más que cualquier otra. Así que de nuevo manos a la obra.

—Pastillas de freno —a toda pastilla— salpicadero —empieza mi pesadilla... no puedo parar parar parar.

Comencé por entrar en los medios de difusión más al alcance, como Facebook, publicando esta carta con la que empiezo este libro....

Capítulo XIV
Como funcionan algunas de las multinacionales del sector

Las multinacionales, han desarrollado su tecnología e ingeniería propia. Las centrales se encuentran ubicadas en los paises más avanzados en la industria de la automoción. Con este elevado nivel tecnológico, se han ido introduciendo en los mercados, formando parte del accionariado de las marcas de otros países y englobándolas en su matriz.

Su estructura está basada....

Capítulo XV
Mi vida actual

En la actualidad me encuentro esperanzado de ser uno de los artífices que pueda pilotar ese nuevo cambio. Sigo trabajando, por suerte en una de esas empresas proveedoras, sufriendo mucho por cierto, trabajando cada día un poco más y mejor para poder cubrir y cumplir con las exigencias ya conocidas, pero luchando a la vez por cambiar las cosas, desde dentro...

Capítulos XVI y XVII
Albuñuelas y mis deseos

Quiero dedicar este capítulo especial a un pueblecito que me tiene cautivado, en el que a veces pienso, cuando me siento muy estresado, sabiendo que si algún día ya no puedo más, acudiré hasta él para que me acoja entre sus gentes. Con el deber cumplido y sabiendo que lo he dado todo en esta vida, ya sólo me quedará hacer una vida tranquila, serena y en paz conmigo mismos. Situado en el Valle de Lecrín, frente al Pico del Veleta en Sierra Nevada, un valle rodeado de frondosos naranjos que iluminan el camino del color de su fruto, hasta llegar a sus estrechas calles que se introducen a través del alargado cañón que guían el curso del Río Santo...

Capítulo I
Viernes 13

Hoy viernes día 13 de noviembre del 2015, salgo ante la opinión pública con este libro para recoger la opinión de trabajadores que como yo, piensan que en estos últimos años se han ejercido unas malas prácticas por parte de algunos directivos que han estado al frente de la gestión del grupo Volkswagen.

Pero antes de nada quiero pedir disculpas anticipadas a las personas físicas, empresas, organismos, etc... que se puedan sentir aludidos u ofendidos por alguna de las opiniones y reflexiones vertidas. Sobre todo a esa mayoría de empleados que son honestos y profesionales, que no se merecen el que por culpa de unos pocos altos cargos relevantes y con peso específico en la toma de decisiones, que han optado por dar un golpe de timón hacia rumbos equivocados, puedan poner en tela de juicio su labor diaria.

Sólo quiero describir la realidad en toda su crudeza. Intento remover conciencias, sin herir sensibilidades. El fraude cometido por la multinacional Volkswagen en la sofisticación de un software para engañar en los controles sobre la emisión de gases, ha superado todos los límites. Bien respaldado por la multitud de firmas que pienso recoger, una vez publicado el libro, por parte de todos los trabajadores que lo apoyen, una vez leído, me encuentro en disposición de contar la historia vivida en el seno de este grupo empresarial en el que he crecido laboralmente durante más de 30 años, no sin superar multitud de adversidades que no me han impedido evolucionar como persona y profesionalmente, eso sí, lo he tenido que hacer inversamente, es decir, mientras VW subía en ventas, en imagen y en bolsa yo he tenido que ocultarme y verme relegado en mis funciones para no entorpecer el libre funcionamiento.

Esta forma de hacer puede que haya puesto en riesgo el futuro de esta empresa alemana, abocándola a una posible quiebra técnica.

Todo empieza un día en el que te encuentras comiendo en la mesa con tu familia y escuchas la noticia impactante del escándalo Volkswagen. A partir de ese momento comienzo a entender y despejar muchas de mis dudas. Mi primera reacción fue la de escribir una carta y llegar con ella a los medios de comunicación:

LAS MALAS PRÁCTICAS DE WOLKSWAGEN

Quisiera llegar con esta carta a algún medio de comunicación para que con mi historia abramos una carpeta y desvelar el coste que puede tener trabajar hoy día para esta multinacional.

Soy un trabajador que lleva 32 años vinculado al mundo de la automoción, muy especialmente al de Seat y por ende a la Wolkswagen. Actualmente estoy trabajando para una de las empresas proveedoras de Seat-VW.

No quisiera en un día como el de hoy, en que la Wolkswagen ha quedado a la altura de un vulgar compraventa que toca los kilómetros de sus coches para obtener mayor beneficio, que mañana hayamos todos pasado página. No por favor en este mundo hay muchas cosas que explicar y que están pasando desapercibidas. Wolkswagen puede que no haya llegado hasta aquí por mera casualidad, sino por una trayectoria de una disciplina que haya venido aplicando en estos últimos años, y que se refleja muy bien con historias como la mía, por ejemplo, en la que fui despedido de Seat por solicitar una información sobre la homologación de uno de los coches que me había vendido, ahora lo entiendo, estaban más preocupados por montar motores trucados. Después de 21 años, siendo un buen trabajador, bien formado y buen profesional, un trabajador que colaboró con el crecimiento y desarrollo de esta empresa, y que un día sin previo aviso fue despedido de la manera más vil.

Es posible que alguno de los trabajadores, estén expuestos en un futuro a enfermar en las cadenas de montaje por falta de inversión en ergonomía, aumento de los ritmos de trabajo y falta de rotación.

Multinacionales como el Grupo Wolkswagen, siempre son ejemplo de modelo a seguir por muchas empresas. Hoy fabricar un coche puede tener un coste social y laboral elevado. Existe el riesgo de fomentar la colocación en los mejores puestos a los amigos de los amigos, de que algunos trabajadores queden abocados a futuras bajas prolongadas por enfermedades laborales contraídas en los procesos productivos y que a veces desembocan en enfermedades mentales, que los trabajos más precarios se sigan externalizando a las empresas proveedoras y finalmente que aumente el trabajo temporal para cubrir las bajas temporales, prolongadas y definitivas.

Si algún medio decidiera hacerse eco de todos estos temas, permitiría abrir una puerta para poder analizarlos y estudiarlos más en profundidad.

Capítulo II
Los inicios

Rondaba por el año 1955, en los años de la posguerra, en el que mi padre tuvo que emigrar de un pueblecito de la sierra alpujarreña, Rubite, situado entre Sierra Nevada y la costa tropical de Granada, un lugar castigado por la guerra civil del 1946 que estuvo sitiado por el bando rojo. A lo alto cruza una carretera que traza la línea que separó los dos frentes y desde la que se puede divisar a un lado las cumbres siempre nevadas del Veleta y Mulhacén y al otro, abajo a lo lejos, Rubite y más al fondo la mar. Cuando abandonamos la carretera para dirigirnos al pueblo a 5 kms, la que continúa, se estrecha aún más y se convierte en un continuo serpenteo, de bajada, hasta que llegamos a la entrada, desde donde ya no pasan los coches. Sus calles estrechas, empedradas, en pendientes, hechas sólo para el paso de personas, ganado y bestias, impiden prácticamente el acceso.

Un lugar barrido por el aire de la sierra, que curte las pieles, que cuando cambia de dirección deja paso a la brisa marina, dejándote un fino cutis. Un lugar donde se curan los jamones y los productos de la matanza del cerdo.

Cuando mi padre, Federico, o Federo, como lo llamaban en tono afectuoso y cercano sus familiares y amigos, cumplió los 24 años tuvo que hacerse un planteamiento al igual que muchos otros, para abandonar y emigrar de un lugar que no ofrecía expectativas de un futuro mejor. Primero probó ingresar en la Guardia Civil, pero los informes que tenían sobre él, eran negativos, supongo que al venir de un lugar ocupado por la zona roja no le ayudó mucho. Su hermano mayor, mi tío Manuel, que sí pudo ingresar años antes en el cuerpo, se encontraba ya instalado en Barcelona, en el barrio de la Torrasa del Hospitalet de Llobregat, y desde allí animó a mi padre para que se viniera a la ciudad, diciéndole que le daría hospedaje y ayudaría a encontrar un trabajo estable.

Después de pensárselo mucho tiempo acabó por tomar la dolorosa decisión de abandonar el lugar que le había visto nacer y crecer y en donde se encontraba la mar de feliz, ayudando a mi abuelo Mateo, en las tareas de pastor de ovejas, trashumando con los rebaños a los pueblos más grandes para entrar en trato con otros ganaderos y vender o comprar.

Tomada la decisión llegó el día de la despedida, hizo sus maletas, mi abuela María llorando y pidiéndole que no se fuera, la pobre desgarrada por el dolor de una madre que veía como se le iba el pequeño de sus 5 hijos y que sabe Dios cuando volvería a ver, aceptando la realidad y haciendo de tripas corazón le deseo mucha suerte, fundiéndose en una abrazo eterno. Mi abuelo lo acompaño con las maletas hasta la parada del autobús, allí le dio 3.000 pesetas y una palmada en la espalda.

—Venga Federo sube ya, que va a salir.

Era un día de frío y fuerte viento, las puertas del vehículo se cerraban para poner fin a una primera etapa en la vida de Federo. Sentado en la última fila cabizbajo, y con el bus saliendo, gira la cabeza hacia atrás para despedirse de su pueblo y puede ver como estaba su padre moviendo la mano para despidirse, y como una racha de viento le vuela su boina. Que sabía el pobre hombre si hacia viento, o si llevaba la boina. Ya no le quedaban más fuerzas para sujetarla con la otra mano, las pocas que tenía, las utilizó para poder despedirse de otro hijo que se le marchaba tan lejos que quizás nunca más volvería a ver.

—Maldita sea, me cago en todos los demonios.

Supongo que algo así debió decir mi abuelo.

Federo embarca en la estación de Granada, en el tren que le llevaría en un largo viaje de más de 24h hasta Barcelona.

Cuando llega a la estación llamada "estación de Francia", le está esperando su hermano Manuel para recibirle y que no tuviera problemas con la policía, ya que todo el que llegaba de fuera de la ciudad tenía que acreditarse con referencias, de que eras residente, con contrato de trabajo, o que venías a ver un familiar sino te devolvían de nuevo en el siguiente tren al lugar de residencia.

Pronto encontró su primer trabajo, era en las obras para la construcción del Camp Nou y por las tardes-noches en una carpintería. Había que trabajar mucho y duro para poder independizarse pronto. Pocos meses después mi madre que se encontraba en un convento de clausura en Madrid, lo abandonó para venir a reunirse y casarse con él. Pudieron ahorrar suficiente para dar la entrada de un piso y estabilizarse.

En el año 1957 mi padre ingresa en la plantilla de la empresa Seat S.A. gracias a los contactos, procedentes del ejército, que tenía mi tío Manuel. El año que comenzó la fabricación del Seat 600. El coche que revolucionó el sector de la automoción, llenando las carreteras de toda España, un coche asequible para cualquier trabajador. El único problema que había es que la demanda era mucho mayor que la oferta, por eso desde las instalaciones de Seat deberían trabajar duro para poder responder a tal demanda, con más medios humanos que técnicos. *—Pastillas de* *freno —a toda pastilla— salpicadero— empieza mi pesadilla... no puedo parar parar parar.*

Con una población de 35.000 personas que trabajaban a tres turnos. Personal que acudía en su mayoría en transporte público o andando. Seat tenía para sus empleados unos autocares de color verde oscuro que se desplegaban por toda la ciudad en gran número cada vez que se acercaba la hora del inicio de cada turno y cuando finalizaba. Y el gobierno construyó en las inmediaciones unas casas de protección oficial destinadas sólo para empleados de Seat...

Cuando tenía 4 años, entró por la calle Llobregat, donde vivíamos, nuestro primer coche, el Seat 600 de color blanco, me acuerdo todavía de su matrícula, B-609140, el coche que llenó todas las carreteras de España, marcando una nueva era en el país, haciendo llegar a la clase trabajadora, un bien que era impensable e inalcanzable y que supuso una autonomía para los cortos y largos desplazamientos, permitiendo poder reencontrarse con las familias.

Nuestro primer viaje de Barcelona a Granada, duró 24h, íbamos los 7 miembros de las dos familias, con los bolsos correspondientes en la baca del techo, algo increíble. Cuando ese gran coche asomaba por aquella carretera desde la que se divisaba abajo el pueblecito que vio crecer a sus ocupantes adultos, después de tantas horas de viaje, ya fatigados, a nuestras madres se le caían las lágrimas de la emoción y a los padres se les reflejaba en sus caras el orgullo de volver con una vida mejor.

Nací un 20 de Septiembre de 1964, un Domingo por la mañana, en la Maternidad de Barcelona, junto al Camp Nou, en un seno familiar formado por mis padres y mi hermana 5 años mayor que yo. Hijo de padre cuya frustración fue la de no poder ejercer como funcionario de la Guardia Civil y de madre que después de 3 años como monja de clausura tuvo que despedirse por no acabar de integrarse. Mi hermana adopto el siguiente rol que había, el de opositora y declarada en permanente rebeldía posicionándose siempre en contra de las doctrinas que querían impartirle mis padres y dejando un espacio libre para mí, el de adoptar el rol contrario a ella y de aceptación a las creencias religiosas por parte de mi madre y militares por parte de padre. Todo un reto que asumí desde que tenía uso de razón y que he llevado con la mayor dignidad posible, no sin grandes dificultades porque siempre me he autoexigido, por un lado construir mi vida desde los valores de la honradez, la honestidad y la bondad, sin renunciar por el otro, a enfrentarme a los retos que se me fueran presentando con la mayor disposición, actitud, perseverancia y ambición posibles, dentro de mis propias limitaciones y de las adversidades contra las que tendría que luchar para poder salvar y llegar siempre al objetivo. Esos objetivos que muchas veces se convierten en inalcanzables por la dificultad que representan y que según donde pongas el listón te impiden llegar, frustrando la culminación de un sueño, pero que como todo camino una vez recorrido has podido conocer y ver cosas que te merecen la pena para cargarlo en la mochila de la experiencia que te servirá para emprender nuevos cominos e intentar culminar nuevos sueños. Lo que finalmente se convierte en una forma y filosofía de vida.

Cuando empiezas a tener uso de razón y te ves postrado en una trona para bebes pero con ya más de tres años, detectas de que algo no va bien, y sólo te queda ver, observar y escuchar lo que pasa en tu entorno, al ser un ser miope, sólo podía contemplar imágenes borrosas y por tanto lo que más potencias es el oído, la atención y la observación. Mi madre había contraído una enfermedad mental cuando dio a luz a mi hermana, una debilidad acompañada de bajada de defensas que desembocó en un trastorno cerebral que consistía en una fobia de origen maniático que le hacía tener asco y escrúpulo a todo, el foco de esta manía se basaba en las personas que tenían cáncer y que ella podía detectar cuando veía a una persona que llevara un pañuelo o venda cubriendo la garganta, desde este momento se activaban en su cerebro todas las alertas y se encendían todas las alarmas, y a partir de ese momento se ponía en marcha todo el protocolo de actuación para combatir la posibilidad de ser infestados por esta enfermedad. Aún sabiendo por ella misma que no era contagiosa, le era imposible aceptar la realidad y por consiguiente nos teníamos que someter a una sebera disciplina de desinfección. Yo en mi caso de la cama pasaba a la trona y viceversa, sin tocar el suelo en todo un proceso de aislamiento, a mi padre y hermana les tocaba entrar en casa limpiándose la suela de los zapatos con una fregona empapada en agua y lejía, previo acceso a la portería abriendo la puerta empujándola con el pie para no entrar en contacto con las manos y tocar lo que otros, subida de las escaleras sin pasar las manos por la barandilla y picar a la puerta con los nudillos para evitar el contacto con el timbre y así llegar de la manera más esterilizada posible al interior de la vivienda. Luego el protocolo seguía con el lavado de manos y respetar los sitios de la casa que mi madre tenía exclusivos para ella, que le daban cierta seguridad y en los que se sentía protegida. Si bien no del todo porque siempre sospechaba de que algo dentro del protocolo había podido fallar o que no se había respetado tal y como ella lo tenía establecido, esto desembocaba a veces en largas sesiones de interrogatorios que no colmaban sus dudas y acababan tristemente en actos de locura con gritos amenazas hacia mi padre y maltrato sicológico hacia él y mi hermana. Una persona poseída por un demonio que le podía tener invadida durante días, hasta que agotaba el cuerpo en el que se había metido y lo abandonaba hasta una próxima no muy lejana ocasión.

Ante tal panorama lo que observaba es que el tema estaba muy jodido, y yo fui creciendo dentro de ese ambiente como un niño especial, introvertido, profundamente tímido e inseguro y con mucho miedo a lo desconocido. Eran muchas las cosas que me estaba perdiendo para cualquier niño de esa edad. Mi madre cuando ya recuperaba la lucidez estaba unos días en los que podía estar por mi y se establecía una relación más normal entre madre e hijo.

Mi padre mientras tanto siempre intentaba ayudarme manteniéndome ilusionado y motivándome con proyectos futuros, me decía que algún día sería algo importante, y yo le recogía el guante.

Antes de cumplir los tres años viajamos desde Barcelona a Granada en tren, íbamos acompañados de mi otra familia, mis tíos y de mi primo Gerardo. Mi tía María hermana de mi madre además era mi madrina y se convirtió en la segunda madre, sabiendo de la enfermedad de la mía. Siempre acudía a ella cuando la necesitaba. El viaje duró más de 24h. Fue interminable. Luego desde la estación nos vino a recoger el taxista del pueblo, Sergio, que con su Seat 1400 nos llevaría hasta Rubite, en otro largo trayecto de más de 3h, con un sin fin de curvas y en el que no paré de vomitar, no sólo por el camino sinuoso y cargado de baches, sino también por el olor que desprendían aquellos asientos de escay impregnados en el aroma a tabaco y nicotina.

Por fin pudimos divisar a lo lejos el pueblo, aunque a mí me parecía haber llegado al fin del mundo y al fin de mis días.

Allí nos estaban esperando gran parte de la familia. Al introducirnos en el pueblo a pie por sus calles empedradas, la primera casa en visitar era la de mi tía Virginia que regentaba la única taberna del pueblo y luego más abajo mis otros tíos y primos, hasta llegar a la casa de mis abuelos por parte de madre. Allí nos alojamos durante lo que duraron las vacaciones de verano.

Mi abuelo Florentino exclamó sorprendido

—Pero si este niño no anda.

No tardó en cogerme para enseñarme a dar los primeros pasos.

Ya devuelta a la normalidad, los días de mi infancia pasaban lentos y se hacían eternos, como cualquier niño necesitaba jugar y relacionarme, pero con la enfermedad psicomaniática, de mi madre, esto era imposible, y mi única salida era estar tranquilo y entretenerme en darle vueltas a las pocas cosas que conocía, inventar juegos limitados, entretenerme con poca cosa, y soñar e imaginar mucho. Cualquier cosa que caía en mis manos, un juguete, un cuento, no sé, lo que fuera, era para mi un regalo del cielo, y lo aprovechaba hasta la saciedad buscando mil formas de darle una utilidad y volcando toda mi imaginación en aquel objeto para que resultara de utilidad y me acompañara en mis largas horas de aburrimiento.

En esta etapa siempre que pude, estuve acompañado por mi primo Gerardo, el que se convertiría en mi primer gran amigo y para mi, hermano. Nos veíamos casi siempre en los fines de semana. Pasábamos a recogerlos por el barrio de Can Vidalet con el Seat 600, y emprendíamos el recorrido de 20 kms cargados de bolsos y con los 8 miembro de las dos familias, ya que se sumo un nuevo miembro al nacer mi prima, partiendo rumbo hacía un terreno que habían comprado mis padres para poder disfrutar durante los fines de semana y periodo de vacaciones del aire sano del campo.

Para dormir nos confinábamos todos en una pequeña barraca de aurelita que habían construido mi padre y mi tío Gerardo. Que bien nos sentíamos y a mí que bien me sentaba, allí ya disponía de mayor libertad para correr y jugar como los demás niños, mi madre no tenía tanto control como en el piso y podía escapar a la atención de su mente enferma. Desde luego el contraste era enorme, la alegría de saber que se acercaba el día de salir de fin de semana o la tristeza de cuando había que regresar a la rutina diaria.

Capítulo III
El cole

Y bien, llegó la etapa de ingresar en el colegio, fue un año después de lo que por mi edad me correspondía, no sé qué demonios estarían pensando hacer conmigo o en que urna meterme para haber llegado a esta situación, que con atino los profesores reprocharon a mis padres.

Por fin llegó el día de enfrentarme a esta nueva etapa escolar. No dejaba de llorar y de suplicar a mi madre que no me llevara al cole, mientras ella me terminaba de ayudar de vestir calzándome mis grandes botas ortopédicas de niño con pies planos, que por aquellos entonces era una vergüenza para los padres que tenían un niño con defectos e incapacidades. Me carga la mochila y salimos del portal nº 138, hacia la izquierda y doblamos la esquina para coger y bajar la calle Montseny en donde 4 travesías más abajo se encontraba el colegio Santa Cruz, ubicado en unos bajos de un bloque de pisos. En todo el recorrido no cesaba de llorar y de pedirle a mi madre que no me llevara, tirándole de la mano hacia atrás para frenar y retrasar o abortar el intento de llevarme a no sé dónde, sin saber lo que me esperaba. Según avanzábamos y como no surgía efecto pasaba al plan B, que era el de la súplica, y aquí utilizaba mis palabras mágicas "mamaica no me lleves", "mamaica no me castigues", "mamaica no grites tanto", "mamaica, mamaica, mamaica...". No sirvió de nada, llegamos a la puerta, con la clase ya empezada, y tocó el maldito timbre Abrió la puerta para recibirnos la señorita Carmen, ya algo mayor, delgada y de aspecto serio. No lo tuvo fácil para poder desengancharme de la mano de mi madre, tuvo que arrastrarme hasta el pupitre vacío que me estaba esperando al fondo de la clase, pasando por todo los otros, mientras los niños que ya estaban sentados presenciaban asombrados el espectáculo. Una vez sentado todavía emitía leves gemidos del berrinche que había llevado, mientras la clase continuaba. Ese día ya no recuerdo nada más. Al día siguiente ya con menos miedo pude ir conectándome con el entorno, si miraba a mi derecha encontraba a la Señorita Carmen y detrás su mesa y una gran pizarra llena de garabatos, si miraba a mi izquierda veía toda la clase con los numerosos pupitres llenos de niños y ya más a mi izquierda el compañero que se sentaba al lado mío, Gregorio, así se llamaba, tenía más años que yo, y yo ya entré con un curso de retraso. Nosotros estábamos ubicados de diferente manera al resto de niños, estábamos en una sola fila pegados a la pared y en perpendicular al restos de pupitres de forma que los demás niños nos quedaban en frente. Puedo deducir que esa fila era para los niños especiales. Bueno poco a poco iba tomando contacto con mi nuevo entorno y como la maestra se encontraba cerca de mí, y ya conocía la gran timidez que desprendía, se afanaba en ayudarme a que entendiera las clases que impartía. Esta confianza que sentía, hacía que mi mente se abriera y por tanto a empezar a entender cada vez mejor las clases. Esto me daba motivación para seguir trabajando, preguntar cuando tenía dudas y aprender, de forma que los resultado en clase y la evolución en el curso era sorprendente para todos, cada vez aprendía más rápido y fácil, respondía a las preguntas de la profe con prontitud, acababa los ejercicios bien y con rapidez, me esmeraba en perfeccionar la caligrafía, me encontraba feliz y me sentía capaz, vamos como decía aquel "Pachi que me he venido muy arriba", y para otros, vaya asco niño. Claro que todo esto recibía la justa respuesta, por un lado la admiración de mi profesora y por otro el rechazo y la tirria de mis compañeros.

He aquí que para desmontar esta relación idílica, idearon un perfecto plan. Uno de los niños se levantó para denunciar en la clase que le había desaparecido un lápiz, se acercaba la hora de salir del cole y la Señorita Carmen nos avisó de que nadie saldría de allí hasta que no apareciera ese lápiz. Todos permanecíamos en silencio, mientras ella esperaba alguna reacción, miraba a uno y a otro sin que nadie se inmutara. Pues bien, dijo.

—Como nadie quiere decir nada, voy a comenzar a preguntar uno por uno y luego comprobaré si es verdad.

Y así lo hizo hasta llegar a mí, y situándose justo en frente de mi pupitre, mirándome fija a los ojos me preguntó

—¿Lo tienes tu Mateo?

Yo estaba seguro de que no lo tenía puesto que no se me hubiera pasado nunca por la cabeza, pero ella insistía, puesto que ya era el último que le quedaba por comprobar, yo le seguía respondiendo de que no había sido yo, pero en un estado de gran nerviosismo, que para poder controlar, me aliviaba intercalando entre los dedos de la mano derecha mi lápiz, pasándolo de uno a otro y girándolo con gran habilidad, y a la vez con la rapidez que funcionaban las pulsaciones de mi corazón, sin que además se cayera en ningún momento. Me aferraba a él como si me fuera la vida, pero a la vez funcionaba como correa de transmisión del nerviosismo que tenía, y que también estaba incomodando a la Señorita Carmen, que de manera déspota y dirigiéndose al resto de la clase les decía.

—¿Os habéis fijado como mueve el lápiz?

Para pasar a decirme en tono firme.

—Deja de mover así el lápiz.

Como no podía parar, ella más que estresada, me lo arrancó de la mano con gesto violento. Y me preguntó por última vez, sabiendo que si era el último al que registrar iba con toda probabilidad a tenerlo yo.

—Mateo, te lo digo por última vez. ¿Tienes el lápiz?

Ya sin nada a lo que aferrarme y en tono cabizbajo le volví a contestar.

—No Señorita Carmen, yo no tengo el lápiz.

Contestando ella.

—Pues bien vamos a comprobarlo.

Cogió mi cartera y de ella sacó un lápiz, se dirigió al niño para preguntarle si ese era el suyo y asintió con la cabeza de que si lo era. Se lo devolvió, se dirigió hacia mi pupitre y sin mediar más palabra, me soltó una bofetada descomunal, diciéndome.

—Toma tu lápiz.

Y se dirigió al resto de la clase:

—Ya podéis marchar.

No daba crédito a lo que había pasado y la injusticia que había sufrido, pero si entendí el mensaje.

Ya al día siguiente fui cambiado del pupitre privilegiado, cerca de la pizarra, al lado de la Señorita a la que preguntaba en confianza cuando tenía cualquier duda y lejos de mi amigo Gregorio, en el que me apoyaba cuando me sentía inseguro.

Pero el primer problema que tuve fue el de que no veía bien la pizarra. Claro ahí me detectaron que era miope. Me llevaron al Oculista y me colocaron unas gafas de campeonato. En aquella época de ignorancia, un niño con los pies planos y cegato, para la familia era como tener un niño discapacitado y para los niños era un motivo de guasa y de estar por encima de ti.

Ya sólo recuerdo que pasaban los día y los meses, incluso algún año, y en el cole me mostraba con la misma actitud que tenía cuando mi maestra arrancó el lápiz de mis manos, siempre cabizbajo, desconectado de el entorno, deseando que pasaran las horas y deambulando por los espacios, principalmente el aula y el patio con pena y sin gloria, si bien mi objetivo era pasarlo sin pena y sin gloria. ¿Pena porque? Pues sobre todo en la hora del patio, en la que aprovechábamos para desayunar y jugar, era cuando peor me sentía, buscaba a alguien con quién estar y hablar, pero los niños estaban por jugar y relacionarse de diferente forma, además luchaban y competían como cualquier niño por ser los mejores. El patio era de unos 40 m2 y estaba rodeado de altas paredes de unos 3 m, paredes que a mi me servían como de refugio para apoyar mi espalda o deslizarme por ellas cuando en el movimiento del juego pasaban al lado mío y me incordiaban. Siempre intentaba mantener la posición más digna posible. Esto servía de provocación a los niños que mostraban mayor liderazgo y cuando quedaba en su perspectiva, era objeto de provocaciones verbales y físicas sin que por mi parte hubiera respuesta, sólo la de intentar que pasara el momento lo antes posible. Vamos estaba siendo víctima de lo que ahora se conoce como el "Buying".

Los días eran largos y eternos, cuando llegaba a casa, me encontraba las normas estrictas y de rigor que imponía mi madre y que limitaban mi libertad. Para molestarla lo menos posible me encerraba en mi cuarto y allí pasaba el resto del día. Inventaba juegos para poder entretenerme y que me aliviaran y me hicieran sentirme bien, jugaba con algún juego de construcción como el "Exin Castillos", leía algún tebeo o jugaba con pequeños coches de plástico que conservé hasta la adolescencia y con los que me pasaba largas horas jugando. Los convertí en piezas de jugadores de fútbol y sobre un tablero los hacia jugar con una pieza cuadrada del Exin Castillo que convertí en una pelota, que si era cuadrada, pero se deslizaba por la mesa con gran facilidad y me permitía controlar los chuts que realizaban mis coches, las porterías eran el hueco que quedaba en la superficie de la mesa cuando la abría desde la posición vertical en la que se encontraba, como un mueble bar, cuando la pelota se alojaba en la ranura se convertía en un gol. De locos verdad, pero con imaginación destreza y habilidad os aseguro que disfrutaba como un verdadero loco, y nunca mejor dicho. Organizaba campeonatos y competiciones en las que participaban los equipos de la liga y de Europa. Mi equipo favorito, el de mis amores y el de mi corazón era el Barça, gracias a él podía liberar muchas de mis tensiones y frustraciones, además de servirme de educación, porque todo lo que veía o escuchaba en la radio, pues no me perdía ni un sólo partido de los que jugaba, era analizado por mi con especial atención y con un sentimiento fuerte, a tal punto de que si perdía me hacía perder las ganas de comer y entrar en un estado de tristeza que me duraba hasta el día siguiente, en el que ya empezaba a pensar en el próximo partido. En este Club podía ver como se puede llegar a recoger la miel del triunfo cuando te esfuerzas, luchas por un objetivo, te preparas y cada día eres un poco mejor. Los jugadores que plasmaban todos esos valores por aquellos tiempos, eran los Sotil, Reixach, Asensi, Marcial, Cruyff, Neskens... disfrutaba de sus victorias como algo mío y sufría de las derrotas igual, pero siempre analizando porque había sucedido, lo primero y más inmediato si el árbitro influyó, luego si los jugadores habían estado bien, si habían corrido, etc... Me aferré al Barça como mi nueva correa de transmisión, todo giraba en torno a él, fue un nuevo lápiz en mis manos.

Tenía unos 6 años cuando mis padres tuvieron que salir de urgencia a su pueblo, mi abuela Virginia, se estaba muriendo, y mis padres me dejaron en la casa de mi tía Lola, allí pasé unos tres días con ellos. Me observaban mucho y me intentaban dar conversación haciéndome preguntas fáciles, pero mis contestaciones eran muy escuetas, respondiendo sí o no o simplemente gesticulando con la cabeza, estaban muy sorprendidos y abrumados al ver lo poco sociable que era, incluso a veces les pude escuchar murmurar entre ellos:

—Este niño no habla.

Cuando estábamos cenando, tenían puesto el partido de futbol que televisaba la Televisión Española.

Athletico de Bilbao-FC Barcelona, y en una de las jugadas pitó el árbitro un penalti a favor del Athletic, se quedaron atónitos cuando me vieron saltar de la silla gritando "hijo de puta". Lo que llegaron a reír.

Los que me querían y más próximos a mí, vieron que esa sería la forma de poder relacionarse conmigo.

Mi padre consiguió que le dejara unos carnets uno de los jefes que tenía en Seat, el Rafael, al que le insistió varias veces de lo feliz que me haría poder ir a ver un partido del Barça. El hombre ante tal ruego no pudo resistirse a dejarle los dos carnets que tenía de socio.

Acudimos al campo a ver el Barça-Sevilla, era de noche, pero la iluminación dejaba ver perfectamente la definición del terreno de juego, la gradería repleta de público y los jugadores vestidos de blau grana por el Barça y de blanco por parte del Sevilla. Nos situamos justo detrás de una de las porterías. Cuando saltaron los jugadores al terreno de juego se escuchaba el sonido de las graderías, era ensordecedor, luego comenzó a sonar el himno, las palmas y los gritos aumentaban los decibelios de forma atronadora, que impresionado y a la vez feliz me estaba sintiendo. Disfruté del partido como un acontecimiento único e irrepetible, fue un gran momento en mi vida. Quedaron 2-0, así que también contento por el resultado, comí bien y dormí mejor.

Al día siguiente había que volver a la rutina, eso sí con más seguridad en mí mismo, ya tenía un nuevo lápiz al que aferrarme y del que nadie iba a poder desprenderme, eso me daba una gran seguridad y ponía en duda a los líderes de la clase. Ya en el patio no encajaba los golpes de la misma manera, aunque los recibía incluso aún más para ser doblegado, mantenía el tipo y la dignidad intactas, eso si cuando llegaba a casa los pantalones cortos que portaba, dejaban ver los numerosos moratones que enseñaban mis piernas. Mi madre me preguntaba que donde me hacia esos morados, yo no sabía que contestar y respondía con la duda de no lo sé mama. Al otro día llegaba con más moratones y volvía a insistir que donde me los hacía, respondiéndole siempre los mismos. Cuando se me habían borrado unos, aparecían otros en sitios distintos. La preocupación de mi madre era normal, y como insistía yo a veces le decía que me había caído, o que me había golpeado con algo. Pero harto de mentir, no porque no pudiera soportar y aguantar los golpes que recibía en las horas del patio, comencé un plan de actuación que pasaba por desmontar la panda que lideraba un tal Gabriel, Gabri para los amigos. Que feo era el niño, pequeño con el pelo largo y muy rizado, con los dientes mal encajados y travieso y malo como él sólo, cuando llegó a mayor me enteré que lo ingresaron en prisión por cometer atracos y demás fechorías.

Una mañana al salir al patio ya no estaba dispuesto a recibir más golpes gratuitamente, así que cuando alguien pasaba a molestarme y se acercaba a mí, yo casi siempre postrado en la pared, los devolvía como podía volviendo rápidamente a la pared, a mi refugio. Esto provocaba que el resto reaccionaran asombrados, e invitaba a que fueran pasando sucesivamente a quien quisiera desafiarme, para llevarse la misma respuesta, ya con patadas más certeras. Sonaba la sirena que avisaba la hora de volver a clase e interrumpía nuestros juegos de liderazgo. Al día siguiente volvemos a la acción y con la mosca en la oreja había que comprobar si mi respuesta había sido flor de un día, por tanto volvían a insistir, recibiendo la misma respuesta, hasta que ya uno de los niños cansado me dijo.

—¿Tu quién te has creído que eres?

Respondiéndole.

—¿Y tú?

Empezaron los empujones por parte de los dos, hasta que nos enzarzamos en una pelea, algo parecido a la lucha libre, en el que ganaba el que inmovilizaba a su rival haciéndole decir en público que se rendía. Forcejeamos hasta caer al suelo y allí seguíamos luchando por conseguir la posición ideal de quedar uno encima del otro. El contrincante consiguió esa postura óptima y cuando ya me tenía de bajo me hizo la pregunta de rigor.

—¿Te rindes?

—No.

—¿Te rindes?

—No.

Cuando ya me tenía prácticamente inmovilizado y asfixiado, me vuelve a insistir.

—¿Te rindes?

En ese momento concentre todas mis fuerzas y rabia contenida, del que sabe que era mi única y última oportunidad. Mi cuerpo comenzó a zarandease de arriba abajo, como si de un potro se tratase y mi rival a cabalgar de forma descontrolada hasta que lo hice caer, momento que aproveche para situarme encima suyo y cogiéndole las manos con fuerza, gritarle.

—¿Te rindes?

Sin esperar contestación y gritándole una y otra vez sin que él pudiera hacer nada y colapsado por la ira que le estaba transmitiendo, le seguía insistiendo.

—¿Te rindes?

—¿Te rindes?

Hasta que finalmente lo conseguí.

—Sí, me rindo

Pero le volví a insistir,

—Dilo más alto, que no te han escuchado

—Sí, me rindo, por favor déjame ya.

Fue así como puse fin a esta etapa de martirio y quede integrado en el grupo, siendo Gabriel mi mejor protector.

Mientras tanto los días pasaban, y la construcción de mi mundo junto con el fracaso escolar iban cogidos de la mano, las horas del cole se hacían eternas y desde que comenzábamos el lunes ya estaba contando los días que faltaban para que llegara el fin de semana y salir al campo, o para ir al terreno, como nosotros le decíamos.

Llegado el viernes, cargábamos los bolsos en el 600, pasábamos a recoger a mis tíos y primos, y emprendíamos el viaje rumbo a Can Costa. Por carretera de escaso asfalto y repleta de baches, a pesar de la corta distancia, 20 kms, tardábamos en llegar casi una hora, en el trayecto, a veces había que parar para que pudiera vomitar, de los mareos que me daban, 8 en el 600, poco oxígeno, el olor al escay de los asientos impregnados de nicotina más el humo del tabaco, formaban una mezcla explosiva.

Por fin, una vez llegados y bajando del coche recibías la medicina del aire fresco y sano del campo que te quitaba todo de golpe. Lo primero que hacíamos mi primo y yo, era soltar la pelota y desfogarnos de las tensiones acumuladas en toda la semana y divertirnos hasta caer extasiados, intercalábamos otros juegos, como el de construir cabañas o cuevas en las que teníamos que aplicarnos de lleno para poder excavar con un pequeño azadón, construcciones que podían durar días, pero que una vez terminadas nos llenaban de satisfacción, y en cuyo pequeño espacio compartíamos con mayor intimidad nuestras cosas, vivencias y secretos. Por supuesto también éramos felices viendo convivir las dos familias y compartíamos muchos ratos con nuestros padres, que nos enseñaban las cosas del campo, tenían su huerto sembrado de hortalizas y frutales, nos explicaban y enseñaban como cultivarlas, o los animales de granja que también tenían, como conejos, gallinas, a veces algún pato, o incluso cabras. Todo esto resultaba muy gratificante y hacia que los fines de semana fueran maravillosos.

Llegaba la hora de volver a Barcelona, y quedaba inmerso en una profunda depresión, en el asiento de atrás contemplaba pasar los otros coches en caravana, me entretenía buscando marcas, contando los diferentes modelos, buscando diferencias y similitudes, los más nuevos o viejos según matrículas, hasta llegar a la puerta de casa, con un desánimo que no sabía como iba a afrontar la semana.

Seguían pasando las semanas, los meses y los años, y los cursos escolares con notas deficientes, igual que si no hubiera ido, que realmente es como conseguía estar, siempre ausente.

Cuando salía del cole, a las 12h del medio día y me dirigía andando cuesta arriba por la calle Montseny, me encontraba con dos bares que tenían las máquinas de Paintball, o traga bolas, pegadas al cristal, casi siempre ocupadas por adultos que pasaban el tiempo intentando no perder las bola. Siempre hacía una paradilla quedándome a observar desde fuera con las manos haciendo de visera entre mis ojos y el cristal para que los reflejos no me impidieran presenciar la partida.

—Ostras acaba de hacerse una partida de regalo.

Decía si había alguien a mi lado.

O lo celebraba yo sólo, convirtiéndome en el público animador.

Cuando salía por las tardes a las 6h. Hacia otra paradilla.

Un día que no había nadie jugando, decidí entrar a probar.

—Guau, que chulo.

La máquina funcionaba con 1 duro.

Ese día llegué antes de lo normal a casa, la parada había sido más corta.

Al siguiente día, ya iba con la intención de volver a jugar, pero nuevamente estaba ocupada.

Así un día y otro alternaba la espera con las partidas. Preguntaba.

—¿Seguirás luego jugando?

—Si me quedan 5 duros.

O al igual tenía 3 partidas acumuladas.

O También pasaba que el duro que tenía yo, se terminaba pronto.

—Bueno ya volveré mañana.

Los días pasaban y el tiempo se alargaba en cada partida que tenía oportunidad de jugar.

—Una partida.

—Otra.

Sonaban con un chasquido que avisaban del premio conseguido, confirmado con la suma de la nueva partida en el contador.

A veces me encontraba que empezaba a sumar partidas que se acumulaban y que no iba a tener tiempo de consumir.

Si llegaba alguno que quería jugar y dispuesto a comprarlas se las vendía.

Llegados al curso de 6º de la EGB, ya los profesores le dieron un ultimátum a mis padres de que no podía seguir así, y que si no cambiaba de actitud me tocaría repetir. Por tanto me tuve que poner las pilas para el siguiente curso con la dificultad añadida de que no tenía prácticamente ninguna base para poder enfrentarme a cualquier asignatura. Cómo lo iba a hacer, me preguntaba. Empecé a descubrir que tenía una buena memoria y que en los deberes que nos mandaban no tenía dificultad, yo diría que incluso facilidad para poder memorizarlos, de forma que al día siguiente cuando nos preguntaba el profesor sobre los temas, podía exponerlos en clase de forma clara y concisa, vamos de pe a pa, rondando la brillantez, que por otro lado dejó sorprendido a propios y extraños, hasta el punto que uno de los días en que me preguntaron sobre uno de los temas, el profesor no dejaba de mirarme a mí y a la vez el libro para comprobar la exactitud con la que estaba desarrollando los párrafos. Cuando había terminado un tema, el profesor me retaba preguntándome otro, y así pasaron unos minutos en los que el silencio aumentaba en el aula que compartíamos los cursos de 7º y 8º. Al terminar, el profesor solo pudo acabar diciendo.

—Muy bien Mateo.

Los 80 alumnos, que aproximadamente lo presenciaron, rompieron el silencio mostrándome su reconocimiento con un gran aplauso.

Esta nueva técnica que descubrí, me permitió aprobar el curso y el siguiente, completando la etapa de la EGB con muy buenas notas, eso sí, no aprendí ni papa, pero si me enseñó a sobrevivir en un ambiente muy adverso, en el que sin haberme nunca integrado, sí que pude mostrar mi identidad, marcada por valores como la buena fe, la honradez, la justicia, el esfuerzo, la sencillez, la humildad, la persistencia, el honor, la ilusión. Todo ello hizo que me sintiera admirado y querido por los que un día sin saberlo se convertirían en mis amigos. Me acuerdo de Fandos, lo llamábamos por su apellido, que vivía en el mismo bloque, o de Francisco, bajito con el pelo lacio, le gustaba oler los libros cuando los teníamos nuevos al empezar el curso, o de Laura, la primera chica de la que me enamoré, ella era de 7º y yo de 8º, era de melena rubia y muy extrovertida, se acercaba a mi para chincharme, y a veces la podía observar cuchicheando con sus amigas cosas de su interés por mi, que luego me llagaban confirmadas por los amigos cercanos, de que se habían enterado de que le gustaba mucho. Luego con más confianza, ella me pedía que me quitara las gafas para poder contemplar mis bonitos ojos azules, o verdosos, siempre tenía esa duda. Me sentía más que alagado y correspondido, yo no dejaba de suspirar por ella y la llevaba conmigo siempre en mi pensamiento y en mis sueños. Laura, que bonita era. Tampoco puedo olvidarme de Alsina, un chico con deficiencia mental que lo sentaron al lado mío, le ayudaba y le daba todo el apoyo posible para que se sintiera bien, sólo tenía que soportarle a veces que se ponía pesado y le daba por hacerme con sus dedos caracolillos en mi pelo, se ve que le relajaba, bueno que íbamos a hacer.

Ya en el último curso, estábamos más por relacionarnos y despedirnos, porque después de esta larga primera etapa escolar coges afecto y cariño a las personas que te han acompañado, y es por ello que bajó nuestro rendimiento, en mi caso pase a ocupar una de las filas intermedias de la clase. Los profesores nos ubicaban por el orden de los que tenían mejores notas, yo pasé de estar en la primera fila y tercer pupitre, a las filas intermedias. Se acercaban los exámenes finales y no lo veíamos nada claro. Había que hacer algo, había que idear algo, había que pensar algo, había que... eureka, se me encendió la bombilla, mientras miraba sentado desde el pupitre, hacia una puerta de cristal que daba a la calle, y de la que tan sólo me separaba un estrecho pasillo lateral, cerrada desde dentro con un cerrojo, se me ocurrió de que podíamos dejarla con el cerrojo abierto y apostillada con una cuña de papel doblado con el suficiente espesor para que hiciera la presión necesaria de forma que la puerta permaneciera cerrada y se pudiera abrir empujándola desde el exterior cuando no hubiera nadie dentro del cole, y así poder entrar y rebuscar en los cajones de las mesas de los profes y en la oficina. Pero yo sólo no me atrevía a realizar tal acción, así que busqué el apoyo de mis compañeros, y lo empecé a comentar con el compañero que tenía a mi derecha, se lo susurré al oído, y el hizo lo propio con el que tenía a su lado, y así sucesivamente corrió la noticia como la pólvora.

En uno de los momentos en los que no nos prestaba atención el profe, hice la maniobra, agaché mi cabeza y me deslicé hacia la puerta, que estaba a tan sólo 1 metro, abrí el cerrojo sigilosamente para no hacer ruido y evitar llamar la atención del profe, que se encontraba postrado en su silla, creo que leyendo alguna revista. Aguantando la puerta con la mano para que no se moviera, con la otra mano introducía la cuña de papel, solté la puerta y volví a mi pupitre, pero vi como se desplazaba ligeramente, no era suficiente espesor, había que volver a repetir la maniobra, pero mi nerviosismo iba en aumento, insistí hasta dos veces más, hasta que la conseguí fijar, pero con tan mala suerte que al retornar al pupitre se me cayeron mis gafas de pasta y grueso cristal al suelo, rompiéndose la armadura por la mitad, justo por la patilla de la nariz, las risas de los que presenciaron el accidente, evitó que el profesor pudiera sospechar nada, eso sí que viendo las carcajadas preguntó qué era lo que estaba pasando, alguno de los compañeros inventó algo y quedó conforme, yo recogí mis gafas del suelo y me las guardé en el bolsillo. Al día siguiente las llevaba pegadas con pegamento imedio, sin ninguna rigidez, flexibles, tenía que ponérmelas con pinzas, si mis dos manos cuando cogían las gafas y las acercaba a mi cara, no iban en perfecta simetría, manteniendo la distancia, con la misma velocidad, y en perfecta sincronización, podía observar con mis ojos miopes como se movía la unión reparada.

Llegó el día clave, ya nos habíamos organizado para entrar sobre las 12:30h, cuando desde la calle ya habíamos comprobado que no quedaba nadie dentro, entramos un grupo de 3 o 4 personas, empujamos la puerta y para dentro, la volvimos a cerrar con el cerrojo y nos desplegamos por los espacios más protegidos y sagrados, profanándolos, como si de un comando se tratara. Uno de ellos, al abrir el primer cajón, exclamó

—Mirad aquí están las preguntas de un examen

Otro que venía de la oficina de la Directora, traía otros papeles en la mano, le preguntamos.

—¿Que llevas ahí?

—Exámenes.

Cuando pudimos disponer de todo el material que habíamos recabado, nos pusimos a copiar con la mayor rapidez las preguntas. Dejamos los exámenes en sus respectivas mesas y abandonamos la clase por la puerta principal.

Esta acción la tuvimos que repetir varias veces. Según se acercaba la fecha de los exámenes, los profesores iban dejando más material, y así hasta que llegó la semana de los exámenes finales. Nos mirábamos con nerviosismo y con la duda de si quizás los profesores habían descubierto o sospechado algo, y habían cambiado las preguntas.

—Primera pregunta.

Dirigiéndose a nosotros, dijo el profesor.

A medida que avanzaba, e íbamos escribiendo, nos dirigíamos las miradas unos a otros, con una larga sonrisa.

Llegó el día del reparto de notas. El profesor las comunicaba primero en voz alta.

—Marisol.

—Si

—Sobresaliente

—Merche.

—Si.

—Notable

—Francisco.

—Si

—Sobresaliente.

Y así hasta completar la larga lista de aprobados.

El profesor dijo.

—No sé cómo, ni de qué manera lo habéis hecho, yo diría que os habéis copiado unos de otros, pero no lo puedo afirmar. Estáis todos aprobados.

Contando todo esto, no puedo dejar de ruborizarme y por ende, no puedo presumir de ello, pero llegados hasta aquí puedo decir que fue un acto de supervivencia más, para poner fin a los largos y eternos años que había sufrido en un colegio adoctrinado por las costumbres neoreligiofranquistas de la época. En que rezábamos el padre nuestro antes de empezar la clase o en el que los maestros castigaban pegando duros golpes de regla a los alumnos con la punta de la yema de los dedos hacía arriba, exhibiendo sin pudor su autoridad.

Capítulo IV
El fútbol

Mis mayores esfuerzos e ilusiones seguían volcándose sobre la práctica del fútbol y el seguimiento de los partidos que jugaba el Barça o de sus contrincantes, en especial, el siempre eterno rival, el Real Madrid.

Eran los fines de semana cuando tenía más tiempo para poder jugar, siempre con mi primo. En el huerto que tenía mi padre, poníamos dos piedras que hacían de poste para la portería, y ensayábamos disparos, alternándonos de portero.

—A comer.

Escuchábamos gritar a mi madre o mi tía.

Y vuelta a futbolear

Con unos 10 ó 11 años comenzábamos a salir y explorar las calles de la urbanización, las que se encontraban más cercanas, e íbamos conociendo a otros niños, que al igual que nosotros venían a pasar los festivos a los terrenos, algunos con barracas y otros ya con torres, acompañados de sus familias, que aumentaban sobre todo los domingos al que se sumaban los que no podían pasar la noche, por falta de espacio o por tener menos afinidad para compartir intimidades.

Era en las noches de San Juan, cuando salíamos todos a las calles oscuras, sin alumbrado, para encender las hogueras que iluminaban todo el lugar. Y que año tras año denotaba como las demás parcelas se estaban ocupando, ya que hasta que se completaron todas pasaron bastantes más. En nuestra calle por ejemplo de 12 parcelas, estaban ocupadas 4, y los vecinos separados, por ello era más difícil entablar relación, y la sensación de aislamiento era grande, sobre todo al caer la noche y con todo a oscuras, en un silencio sepulcral, interrumpido a veces por algún grillo. Encendíamos el candil de la barraca y nos íbamos poniendo el pijama, mientras los padres fumaban algún pitillo. Disponíamos de 2 camas grandes, una para nosotros 4 y la otra para mis tíos y primos. Desde luego con pocas ganas de dormir, sobre todo si era en invierno, sólo quedaba que hablar y cascar cosas que nos entretuvieran. Los padres montaban el escenario imaginario contando chascarrillos y recordando cosas de su pueblo, mientras las madres replicaban o reían y los peques asistíamos al espectáculo como si de una película de cine se tratara. Podíamos pasar así largos minutos, hasta que poco a poco nos íbamos desconectando para pasar a los dulces sueños.

Volviendo a mis 10 años, sería cuando mis padres decidieron construir la torre. Económicamente sólo podían pagar al Albañil o Paleta, con el dinero de las horas extras que haría mi padre para poder pagarle. Los peones serían mi padre y mi tío. Comenzaron a excavar los cimientos a pico-pala, y con ilusión, esfuerzo y ganas, durante las vacaciones más fines de semana, cubrieron aguas, colocaron puertas y ventanas exteriores. El resto poco a poco.

Mientras los padres seguían entretenidos con la obra, mi primo y yo nos acercábamos para ayudar, pero poco nos dejaban hacer, sólo interesarnos por lo que estaban haciendo o lo que les quedaba para acabar el tramo, una pared, un tabique, el suelo, etc.

—Primo vamos a salir un rato.

Nos podíamos decir cualquiera de los dos.

—A ver como va, a ver si ya han terminado cuando volvamos.

Uno de los días que salimos a la calle nos encontramos con un chaval 3 o 4 años más grande que nosotros, el Paquito, tenía su terreno frente al nuestro, 4 más abajo.

Lo encontramos tirando piedras con una sonda hacia un barranco. Nos llamó la atención, y le preguntamos qué hacía.

—Mirad cuanto alejo la piedra.

—A ver.

Con la mano haciendo de visera, contemplábamos como se alejaba la piedra hasta desaparecer de nuestra vista.

Estábamos fascinados del artilugio que Paquito se había fabricado, de como con tan solo una cuerda podía vencer la ley de la gravedad llegando a hacer desaparecer la piedra.

El momento de fascinación se vio interrumpido por un fuerte golpe que sentí en una de las paletas, no sabía que estaba pasando hasta que vi como asustados llamaban a los padres, mientras la sangre me manaba de la boca a borbotones.

Al final tuve suerte porque la pedrada fue más hacía la encía y pude conservar el diente.

Ante tal experiencia, pasó un largo periodo hasta que volvimos a salir solos. A veces salíamos por el campo con los padres que nos enseñaban las cosas de la naturaleza, podíamos ver alguna y rara vez un conejo, transitábamos por el entorno, rodeado de barrancos y rieras con agua, a cuyo acceso había que llegar apartando el abundante y frondoso matorral, lo que se convertían en excursiones improvisadas.

En una de esas excursiones descubrimos, junto a una riera, en unos de los barrancos, un gran terreno llano y verdoso, lleno de hierba corta e intercalada con placas de musgo. Ostras parecía un campo de fútbol.

No tardamos mi primo y yo en volver con una pelota. Llegados al barranco, teníamos que cruzar la riera para poder acceder al campo, allí soltábamos la pelota y comenzábamos a corretear con ella, para un lado, para el otro.

—A ver si me la quitas.

Jugábamos a regatear.

Colocamos dos piedras para las porterías, y a chutar.

—Que golazo.

—Que paradón.

Nos animábamos el uno al otro sin cesar.

Parábamos para descansar y beber agua, el agua fresquita y cristalina que bajaba por la riera. Teníamos que hincarnos de rodillas y con las manos postradas en el curso del agua, hundidas hasta las muñecas, poníamos los labios sobre la superficie acuosa, y absorbíamos el agua como si de una esponja se tratara, una y otra vez hasta quedar saciados.

Inventábamos algún juego más con el balón, ya más relajados, después de habernos desfogado al principio y así hasta que era la hora de comer o se hacía de noche.

Nuestras idas y venidas al campo cada vez eran más frecuentes, el acceso al campo se fue formando por caminos estrechos de tierra pisada y matorrales a uno y otro lado, circulando por pasillos campestres que lo conectaban directamente.

En unos de esos días que íbamos a jugar, nos encontramos un chico de nuestra edad, también jugando con un balón. Él sólo en la calle. Vivía en frente del Paquito.

—Ola.

Le dijimos.

—Ola.

Nos contestó.

—¿Dónde vais?

—Vamos a jugar a un campo de fútbol que hemos descubierto.

—¿Te vienes con nosotros?

—Vale, esperad que se lo diga a mi madre.

—¿Cómo te llamas?

—Antonio.

—¿Y vosotros?

—Yo Mateo.

—Yo Gerardo.

Pasados unos 10 minutos, nos dice Antonio.

—Sí que está lejos el campo ese

—Tranquilo que ya estamos llegando.

Cuando cruzamos la riera, lo miramos mi primo y yo, para ver su cara de asombro.

—Ostras, que chulo.

A jugar. Ya éramos tres y podíamos hacer otros juegos con el balón. Por ejemplo uno de portero y los otros dos a regatear y ver quién marcaba más goles, o a centrar y rematar. Ya nos aportaba más ideas. Hicimos la portería con dos pequeños troncos de los árboles que habían por allí, el travesaño era imaginario, la altura que diera el portero con las manos estiradas y saltando.

Y así pasaron varios fines de semana más, jugando y haciéndonos íntimos amigos.

Después conocimos a Ferran, que vivía en la otra calle, era un niño cuadrado y bruto, pero nos cayó bien y luego más tarde se sumó otro niño, Antolín, que deseaba agregarse a nosotros, así nos lo pidió. Como un grupo fuerte y bien cohesionado, tuvimos que deliberarlo, y la verdad que no nos apetecía, lo veíamos muy listillo. Pero sus ganas de entrar en el grupo nos halagaba y fortalecía, por otro lado quien éramos nosotros para impedir que otro niño dejara de aburrirse como una ostra los fines de semana, eso era muy duro.

—Venga Antolín vente con nosotros, que te vamos a enseñar un campo de fútbol.

—¿Un campo de fútbol?

—Si ya verás.

Incrédulo nos acompañó corriendo y trotando mientras bajábamos por los pasillos que habíamos construido con el paso de nuestras idas y venidas, convirtiendo el lugar en un recorrido como si del vestuario al terreno de juego se tratase.

Una vez llegados allí, quedó igual de asombrado. Pudo contemplar el campo de hierba pisada y que invitaba a lucirse. Comenzamos a mostrar nuestras habilidades con el balón. Ya podíamos organizar pequeños partidos, 2 para 3.

El ruido que formábamos jugando, se ve que atrajo a más niños, que descubrieron el lugar. Como el campo era grande, ocupaban una de las zonas. Tardamos poco en ponernos de acuerdo para hacer un partido, ya éramos 5 para 7, nos dejaban 1, y equilibrábamos los equipos.

Era el primer partido algo serio que íbamos a jugar. Ahí empecé a descubrir que tenía cualidades y dotes para este deporte, yo era de complexión delgada, y resultaba ser muy ágil con el balón en los pies y con facilidad para el dribling, por ello me era fácil construir jugadas individuales desde mi campo hasta la portería contraria, quedando sólo delante del portero cuando y cómo quería, entrando a la portería con la pelota en los pies. Los de mi equipo me animaban, y yo volaba con la pelota en los pies.

Uno de los días en los que nos encontrábamos jugando, vemos llegar al campo un señor trajeado totalmente de blanco.

—Hola chicos.

—Hola.

Al ver nuestras caras de asombro, por ser un lugar al que sólo íbamos los niños exclusivamente para jugar al fútbol, y que no era de paso, nos dijo.

—Vengo a pasar unos días por aquí.

Nuestro asombro fue aún mayor. Continuamos jugando, mientras de reojo y con inseguridad observábamos sus pasos, que se dirigían atravesando el campo hasta que lo vimos desaparecer.

Pasaron las semanas y en uno de los días de partido, vemos aparecer por donde se había ido el señor de traje blanco, a un señor con barbas, ropaje oscuro, sucio, con la cara roja del sol, y poco sociable. Nosotros no queríamos que se acercara más, sino emprenderíamos la huida. Por suerte siguió su camino, introduciéndose y desapareciendo por una de las rieras que rodeaba el campo.

—¿Ostras quién será?

Nos preguntábamos.

—¿Os acordáis el día que bajo el señor de traje blanco?

Preguntó uno de los niños, recordándonos ese momento.

Las comprobaciones e indagaciones que hicimos los días siguientes, así lo confirmaban.

Ya nos daba miedo bajar al campo, no sabíamos en donde nos íbamos a encontrar a ese señor, parecía un náufrago. Pero nuestras ganas de seguir jugando y haciendo grande nuestros días de fútbol, no nos impedía de seguir bajando al campo, eso sí con la intriga de en qué pasadizo nos íbamos a encontrar a este señor. Cuando por fin llegábamos al campo y con el miedo todavía en el cuerpo, nos poníamos a jugar, pero siempre con el reojo echado para ver por dónde podía volver a aparecer. Empezó a extenderse el rumor por toda la urbanización, de que andaba un vagabundo por aquellos campos, y de vez en cuando se levantaba el bulo de que lo habían visto, pero desde lejos y fugazmente. No se dejaba ver fácilmente, convirtiéndose así en un verdadero ermitaño.

Meses después y armados de valor, decidimos salir a su encuentro y ver en donde vivía. Observamos que en el campo donde tantos días habíamos estado jugando, poco más allá había una cueva, con una entrada en forma de puerta, parecía una cueva habitada. Nos acercamos con sigilo y temor, entramos en ella y observamos al fondo un banco alargado y escalonado de tierra con ropas por encima y una botella de vino vacía. Deducimos de que allí podía estar viviendo este señor, y siempre que bajábamos al campo echábamos un vistazo a la boca de la cueva, sin que hubiera ningún movimiento, pero nuestra intriga hacia que una y otra vez, siempre que íbamos al campo, fuera visita obligada la cueva. Hasta que al fin uno de esos días, sí que pudimos ver como se metía en su cueva, mientras él observaba molesto nuestra presencia. Se confirmó lo que sospechábamos, aquel hombre que vimos un día aterrizar por allí, llevaba más de 1 invierno residiendo en aquella cueva.

La curiosidad por saber que había llevado a un hombre así a refugiarse en tal lugar nos permitió poder enterarnos por personas más allegadas a él, de que siendo abogado y después de dejarlo su mujer, decidió emprender esa nuevo rumbo, para alejarse de la mundanal vida civilizada.

Cuando le faltaban víveres se acercaba a las casas más colindantes con el campo, y como ya lo conocían le daban algo de comer para llevar y sobre todo vino, su mayor sustento. Cuando rara vez lo veíamos transitar por alguna de las calles de la urbanización, acompañado del pequeño ejército de delgados perros que se iba encontrando en su camino, nos daba un vuelco el corazón del susto que nos llevábamos, iba con paso rápido y hablando sólo, sin que se le entendiera absolutamente nada, era imposible descifrar su verborrea. Con el paso del tiempo había perdió toda noción, se había convertido en un auténtico naufrago aislado del mundo.

Alternábamos el fútbol en nuevos espacios, y cuando queríamos ir al primero lo referíamos como el campo del Barbas.

Aquél hombre que vino un buen día a enterrarse en vida para pasar al más absoluto anonimato, dejo su huella dando nombre, con el mote que le identificábamos, a ese campo que nos vio crecer: EL CAMPO DEL BARBAS.

Capítulo V
La adolescencia

Y llegó la etapa de la adolescencia y con ella la 2ª etapa escolar. El BUP quedaba totalmente descartado, por el poco fundamento y nivel de estudios que tenía para afrontarlo, me hubiera gustado, para poder haber luego hecho una carrera de ingeniería o de abogado, pero tenía que asumirlo, y como tenía que seguir estudiando y me daba igual, por la escasa motivación que tenía, me matricularon con 14 años en la rama Administrativa de la Formación Profesional, en la escuela del Provençana. Era un instituto de construcción nueva que se encontraba frente a las instalaciones del Basket Hospitalet. Bueno el primer día andaba como todos muy perdido, nos encontrábamos una gran multitud de alumnos en las puertas esperando para entrar, con los nervios del primer día, buscábamos con la mirada a alguien que conocer o a alguien con quien poder hablar y entablar algo de confianza que te reforzara y a la vez aplacara esos nervios que teníamos.

Por fin se abren las puertas, y todos a mirar las listas en los tablones de anuncios para ver la clase que nos correspondía.

—Ahí estoy yo.

Escuchas exclamar a uno.

—A mira yo soy ese.

Exclamar a otro.

—Mateo Federico Frías González.

Ese era yo.

Te diriges a buscar la clase, y te cruzas con unos y otros que vienen de comprobar que esa no era la suya y se afanan por llegar pronto para no quedar rezagados, por lo de "tonto el último". Encuentro la mía en la segunda planta, ala derecha, pasillo del fondo y última aula a la derecha, con la mayoría de gente ya sentada, con las primeras filas libres, para quitarse del foco. Yo fui a ocupar la primera fila, pegado a la pared.

Comienzan las clases, y la atención es total, intentas conectar lo antes posible para empezar con buen pie. Entre asignatura y asignatura, hay una pausa de unos 5 minutos. Salimos a los pasillos y aprovechamos para ir al lavabo y para comentar la experiencia. Así transcurren los días, las semanas, los meses y los años hasta que en el 4º entra la desconexión, la motivación y atención fueron decreciendo desde el primer día, y lo peor tampoco había conseguido establecer unas relaciones mínimas entre los compañeros de clase para que los días pasaran un poco mejor, todo lo contrario había caído en una actitud de aislamiento, en el que los compañeros a veces me preguntaban algo para intentar rescatarme, pero los esfuerzos eran en vano, puesto que yo no me encontraba a gusto y además intentaba reforzarme en esa actitud de aislamiento con el mundo, como si conmigo no fuera, haciéndome fuerte a la vez que vulnerable. Ya no pude resistir más esa situación. Cuando salía por las mañanas de casa ya no tomaba la dirección del instituto, comenzaba a pasear por las calles, cogía el metro, me sentaba con mi mochila en los parques, y dejaba pasar las horas hasta que llegaban las 2 de la tarde, momento de volver. Pero los días se hacían muy largos, y levantarse a las 8h cada mañana para dar vueltas por la ciudad, cada vez me apetecía menos, así que lo mejor era seguir durmiendo, pero no podía ser en la cama.

A las 8h sonaba como cada mañana el despertador, me vestía, desayunaba y me despedía de mi madre que aún seguía acostada, abría la puerta de la calle, y sin salir afuera la volvía a cerrar, luego me dirigía sigilosamente a mi habitación, colocaba una alfombra debajo de mi cama y allí estirado pasaba el rato, meditando, pensando, soñando o volviendo a coger el sueño, de esa manera evitaba estar dando vueltas tan pronto por la ciudad, en las mañanas frías de invierno. Cuando habían pasado las primeras horas, me despertaba sin hacer ruido, y cuando sabía que mi madre se encontraba en la cocina, aprovechando que la distribución de la casa estaba de forma que las dos habitaciones donde dormíamos mi hermana y yo se encontraban en el pasillo de entrada, salía por la puerta, girando la llave desde fuera para liberar la cerradura, evitando hacer ruido. Daba otra vuelta, compraba alguna revista, en fin ya había menos tiempo que matar. En otras ocasiones cuando me levantaba, si era un poco tarde, hacía como que acababa de llegar, y me excusaba con mi madre diciéndole que no me encontraba ese día bien, o que el profesor no había venido ese día a clase, como en ocasiones de verdad pasaba, y que nos había dejado salir antes, o bien le decía que mañana tenemos fiesta.

En el colegio no existía un control de asistencia, ya teníamos una edad en que se suponía que estábamos mayorcitos, pero la continuada falta a clase, hizo que finalmente en el colegio se preocuparan y pasaron nota para que desde secretaría llamaran a casa para interesarse por mi estado de salud.

Bueno una vez descubierto, no tuve otra que declarar el estado de desmotivación en el que había caído, y seguidamente asumir que no tenía otra que volver.

Habían cambiado la ubicación de los pupitres, ya no estaban en filas, sino en forma de U, quedaba un sitio libre en una esquina del fondo, al lado se encontraba un chico más alto que yo, Jorge se llamaba, desde primer momento me ofreció su amistad. Era aficionado a tocar la guitarra eléctrica y tenía un grupo de amigos con los que se reunía para ensayar, a veces me invitaba para ir a verlos, me dejaban tocar la batería, bueno hacer sonar la batería, en fin su compañía me sirvió por lo menos para que los días en clase pasaran más amenos, y no sentirme tan solo. Además, Jorge, sin ser un empollón sacaba muy buenas notas, y me pasaba apuntes sobre los temas.

Uno de los días en clase, veo pasar delante mío algo que me llamó la atención, pero que no sabía bien lo que era, al cabo de un instante veo pasar una pompa volando deslizándose entre la pizarra y mi vista.

—¿Oye has visto eso?

—¿El qué?, ¿esto?

Y veo como de su boca salen pompas perfectamente fabricadas con saliva.

—¿Cómo lo haces?

—Mira así.

—Ostras a mí no me sale.

—Mira es fácil.

Bueno ya tenía algo en que matar el tiempo. Estuve unos días dedicándole tiempo y practicando tanto en clase como en casa, hasta que por fin vi como manaba la primera pompa fabricada por mi mismo. Increíble, nuevo intento fallido, otro, otro más, nada, otro, una nueva pompa, bien. Y así hasta encadenar una serie seguida de pompas de saliva de fabricación propia.

—Mira Jorge, lo he conseguido.

—A ver.

—Mira.

—Otras lo has conseguido.

Nos pusimos a celebrarlo haciendo pompas a diestro y siniestro, aquello parecía una parque infantil.

Observábamos a uno de los compañeros de al lado, para ver la reacción que tenía cuando viera pasar una de las pompas, y era la de a ver visto pasar algo pero no saber bien el que, se quitaba las gafas para limpiárselas, a la siguiente gesticulaba como si hubiera sido algo de su imaginación. A las siguientes ya se quedaba observando más detenidamente siguiendo con su mirada la trayectoria, y se cercioraba de que efectivamente lo que estaba viendo pasar eran pompas. Pero la incertidumbre ahora era mucho mayor, de donde carajos salen esas burbujas. Otra pompa, y movimientos de cabeza de un lado a otro, de arriba abajo. La incredulidad de lo que realmente estaba viendo, nos deja ver su cara de asombro y de no saber bien lo que está pasando, cuando el nos mira inquieto, para saber si estamos presenciando lo mismo, sólo puede ver como permanecemos estáticos e inmóviles, atentos y absorbidos por la clase. Otra pompa. Ya con un nerviosismo creciente, alarmado salta al compañero de al lado para no interrumpir nuestra atención en clase:

—¿Dios has visto esto?

—¿El qué?

Hay que decir que las pompas se destruían por la presión del aire en pocos segundos por lo que era poco probable que se alargaran en su recorrido no más de la silla que estaba a nuestro lado.

—Una especie de burbujas flotando.

—Que dices loco, burbujas flotando en el agua.

—Que sí, que llevo un rato viéndolas pasar por delante de mí.

—¿Pero cómo te has levantado esta mañana?

—Que sí, que son pequeñitas y explotan en el aire.

—Anda vete un rato al lavabo y te refrescas un poco.

Viendo que por fin captaba nuestra atención y sin que le quedara a nadie de su entorno por preguntar.

—¿Y vosotros habéis visto algo?

—¿Nosotros?, tranquilo un mal día lo tiene cualquiera.

—A ver qué está pasando por ahí, estamos en clase, por favor prestad atención.

Exclamó el profesor

No podíamos dejar a ese chico tan sólo, hundiéndose en la miseria. Al día siguiente decidimos dirigir las pompas hacía mi lado para hacer partícipe a otro compañero más, y que el pobre de ayer no se sintiera tan sólo.

Este fue más rápido, a la primera pompa que vio, exaltado, exclamó a los 4 vientos.

—¿Habéis visto eso?

El chico de ayer, acudió rápidamente.

—¿El qué?, ¿qué?

—Unas pompas de jabón.

—Sí, sí, yo también las pude ver ayer.

Las risas, eran unánimes, pero las nuestras eran diferentes, de complicidad y de observar el ambiente tan gracioso que se había creado. Claro los demás observaban esa diferencia, y les hizo sospechar de nosotros. Salió al paso uno diciendo.

—Eso lo están haciendo Jorge y Mateo.

Lo que nos dio pie para decirles que sí, que estábamos siendo nosotros.

—¿Pero cómo lo hacéis?

—Mirad.

—Que bueno.

El chico de ayer.

—Cabrones.

Jorge me ayudó a romper el hielo, dándome la entrada para que la relación con los compañeros fuera avanzando y mejorando cada día más, dejándome dar más a conocer por mi parte, saliendo de mi timidez, a medida que encontraba mayor respeto hacía mi por parte de los compañeros, a la vez que curiosidad por conocerme más, de forma que mi integración en el grupo de alumnos se iba consolidando.

Fue al año siguiente, y repitiendo 4º, cuando ya esas relaciones quedaron consolidadas.

Éramos sólo 3 varones en clase, el resto mujeres. Uno de los varones, Nico, muy simpático y afeminado, el otro chico y yo, que por cierto también se llamaba Jorge, nos mirábamos y pensábamos, sólo somos dos.

Claro la atención de los alumnos se dirigía hacia nosotros, por lo que mi timidez quedó al desnudo al momento, lo que fue captado por una de las chicas que se sentaba a mi derecha, a la que veo mirándome con gran atención y riéndose de mí, diciendo:

—Cucha que gracioso el niño.

Sorprendido, por ver como de un plumazo me había puesto al descubierto, le respondí.

—¿De dónde eres?

—De Almería.

—¿Cómo te llamas?

—Mercedes.

—¿Y tú?

—Mateo.

Yo la acabé llamando Cucha, por lo de que siempre estaba con el cucha en la boca, cucha esto, cucha lo otro. Cuando la quería enfadar la llamaba Cuchina.

Nos hicimos grandes amigos, muy grandes amigos, aquella chica me traía un aire fresco y sano de Andalucía, era imposible de intimar tanto como lo hicimos. Yo le contaba mi vida y ella la suya, a la vez que recorríamos un camino juntos. Cuando salíamos del cole, nos esperábamos para ir a casa, ella vivía dos calles más arriba, el trayecto duraba 15 minutos, pero se podía alargar media hora o más, porque aprovechábamos para seguir conociéndonos, teníamos curiosidad el uno por el otro, nos interesaba saber más, éramos insaciables. Se convirtió en una relación espiritual, de pareja compenetrada, extraña porque no había atracción sexual, por lo que no tuvimos relaciones, a pesar de que no era ni mucho menos una chica fea, tenía unos hermosos ojos azules, era delgada y dicharachera, no era mi prototipo ideal, pues a mí me gustaban más esbeltas, pero tampoco le hubiera hecho ascos a tener relaciones con ella. Sin embargo avanzábamos en esa relación tan particular, no sé si arrastrados por el aura que portábamos cada uno, que no nos dejaba ver lo físico de este mundo, y que sólo hacía que transportarnos a espacios imaginativos y de ilusión a otros mundos. Cuando volvíamos a este, seguíamos contando y desmenuzando, alternando el pasado y el presente, yo me apoyaba en ella, y ella en mí, su mayor pena era la de haber perdido a su madre, hacía pocos años, por un cáncer, muchas veces me la recordaba, se sentía bien haciéndola presente con los recuerdos que tenía de ella.

Los años de adolescencia, seguían transcurriendo entre la rutina de los días de cole y los fines de semana, en los que seguía evolucionando como persona.

Con los amigos de la panda, nos íbamos reuniendo según llegábamos los viernes por la tarde. Nos contábamos como había ido la semana y hacíamos lo que nos apetecía, bien dar algunos toques con el balón, hacer algún partido, si éramos suficientes, hasta que ya oscurecía, y llegada la noche andábamos por las calles de la urbanización para conocer y relacionarnos con más gente, que al igual que nosotros acudían los fines de semana a las torres.

Nuestra panda formada por 6 miembros se llamaba "los Pescas", el nombre venía dado por uno de ellos, Antonio, que ayudaba a sus padres en una pescadería los Sábados por la mañana y le llamábamos Antonio el pescatero. Él se integraba con nosotros a partir de los sábados por la tarde, después de hacer una siesta.

Había otra panda de chicas que vivían en las torres más próximas a las nuestras, otra de chicos, unas calles más arriba, los Teclanos, otra de chicas que vivían por su zona y que se relacionaban con ellos, igual que las otras chicas con nosotros. Dedicábamos algunos ratos a estar con ellas, cuando estábamos cansados de jugar a fútbol, rodando la pelota por la calle o con ella debajo del brazo las encontrábamos sentadas en la acera, hablando, contándose cosas o cuchicheando. Nos hacía gracia, y nos acercábamos para chincharles un poco y sonsacarle cosas, notábamos su nerviosismo a la vez que agrado cuando sentían que nos aproximábamos a ellas, esto nos hacía sentir importantes, a veces un poco descarados. En esta primera aproximación a las chicas, en la que yo aparecía con otra actitud más abierta, siempre reforzado por el apoyo de los amigos, más cómodo y menos cohibido, notaba y llegaba a mis oídos como parte de esas chicas sentían atracción por mi, yo era alto, rubio y de ojos azules, vamos un Robert Redford, osea que mi éxito estaba garantizado, ayudaba el no llevar las gafas puestas, para poder presumir por un lado y evitar complejos por el otro.

Un día una de esas chicas, Rosana, se acercó a mí para decirme que tenía que hablar conmigo. Nos fuimos apartando del grupo e iniciando un corto paseo empezó a declarar sus sentimientos hacia mí, me pidió de salir juntos para seguir conociéndonos. Mi asombro y el halago iban cogidos de la mano, pero por otro lado no sabía como decirle que no era el tipo de chica que a mi me gustaba, y la verdad yo tampoco estaba todavía por la labor de relacionarme, no más allá de una relación de amistad, por eso le di las gracias por haberme hecho sentir tan halagado y le pedí que me dejara seguir siendo su amigo.

Cuando volvimos de nuevo a reunirnos con los nuestros, encontrábamos las sonrisas de curiosidad esperando ser saciadas.

Cuando ya estábamos entre nosotros.

—¿Qué? —¿Que te ha dicho?

—Nada, que le gustaba y que quería salir conmigo.

—Ala que fuerte, y que mala suerte, te ha tocado la más fea.

—Pobrecita, no digáis eso.

Defenderlo fue peor.

—¿Ha que también te gusta?

—Qué va.

—Jua, jua jua.

Bueno que le íbamos a hacer, ya se les pasará, nosotros a lo nuestro.

—Venga vamos a montar un partido de fútbol.

Dijo alguien.

—Vale, que os parece si buscamos de reunir a los Teclas para hacer un partido.

Sugirió otro.

El nombre de la panda, "los Teclanos", venía dado por que uno de ellos estudiaba en el colegio Tecla Sala.

—De acuerdo, vamos a buscarlos.

Íbamos por las casas donde sabíamos que vivían algunos y les picábamos a la puerta para invitarles, y que avisaran al resto. Les pillábamos un poco en frío, pero a base de ganas, les retábamos y a la vez los motivábamos para que se decidieran, hasta que lo conseguíamos, casi siempre.

Luego ya por las tardes quedábamos en la plaza de Can Costa, en el bar, justo en frente o en las piscinas públicas de al lado si era verano.

Así seguíamos abriendo el abanico de relaciones con más chicos y chicas.

En otras ocasiones íbamos hasta el pueblo de Castellbisbal, que se encontraba a 1,5 kms, andando o en bici, y seguíamos explorando nuevos mundos.

Dejándonos ver más a menudo, despertamos la curiosidad de otro grupo de chicas que residían en el pueblo. Nos llamaba la atención su marcado acento catalán cerrado y típico de la zona, nosotros que veníamos de la ciudad de Hospitalet, en donde predominaban las culturas emigradas del Sur y de todos los confines hispanos, la verdad que nos hacía gracia cuando las escuchábamos hablar entre ellas, o cuando lo hacían con nosotros en un castellano con acento catalán marcado.

Mientras seguíamos explorando nuevos mundos, cogíamos el tren para ir a discotecas de poblaciones cercanas y nos divertíamos a nuestra manera, disfrutando de la música, bailando entre los flashes, degustando algún pitillo, refrescándonos con el cubata y conociendo a más chicas.

El balón estaba definitivamente empezando a perder relevancia, para pasar a ocupar un segundo plano.

Ya comenzábamos a tener mayor curiosidad por las chicas y empezábamos a tomarlo más en serio. Ya íbamos con la pretensión de ligar y de buscar la pareja ideal con quien salir. Conocimos a un grupo de chicas en el Casino de Sant Feliu, a mí me tocó bailar con la Reme, delgada, de desparpajo asombroso, pelirroja de pelo largo y ardiente como un volcán, cuando llegaron las lentas nos pusimos agarrados, yo rodeando con mis brazos su esbelta cintura, y ella con sus brazos dejándolos reposar sobre mis hombros, no tardamos en besarnos, yo con 16 años, para mi era mi primer beso, ella con 14 no podía decir los mismo, mostraba una experiencia y un arte inusual, su lengua viperina recorría todos los rincones de mi boca hasta que sumergido en un hormigueo de placer tuve que retirarla de mi para no continuar y caerme al suelo. Coño con la Reme.

De vuelta en el tren cada uno contaba como le había ido, entre risas llegábamos a la estación de Castellbisbal y andando 2 kms hacía arriba, parábamos un rato en el pueblo, o continuábamos hasta la urbanización.

Lo hacíamos asiduamente cada fin de semana, Sábados y Domingos tarde.

Pero como todo cansa, había momentos en que se empezaba a hacer pesado el ritual de coger el tren, llegar a la disco, bailar, fumar, beber y esperar a conocer nuevas chicas que te llenaran. El nivel de exigencia impuesto en mi caso, era de un perfil complicado de reunir, que por otro lado no era tan especial, las medidas normalmente deseadas 90 x 60 x 90, pero no era fácil de encontrar. Así que pasaban las semanas en las que ya de forma un poco obsesiva, entrábamos a las salas de fiesta con una predisposición de búsqueda por gps visual con detector de radares cuando una piba de esas te pasaba por el lado. En ese momento tenías que calcular cuales eran tus posibilidades, ver con quien iba, como se movía, si habías captado su atención, si no lo hacías entonces pasabas tu por su entorno dejándote ver. Si había respuesta afirmativa, te acercabas a ella para preguntarle alguna cosa relacionada con el instante aquel para poder seguir intimando, alguna vez de forma fallida. Lo que hacía sumirte en un ridículo del que no te permitía volver a intentarlo hasta que se te había pasado, y con nuevas técnicas para afinar en la apertura de otras relaciones.

Sin que ninguno de todos esos intentos tuviera un mínimo éxito, más allá que el de establecer relaciones esporádicas.

Cansado, incluso frustrado, con el paso de los dos siguientes años, nuestras amigas del pueblo ya habían crecido y nos dejaban ver más sus cuerpos de mujer.

Nos preguntábamos.

—Y una chica de estas para salir.

—Ostras la más guapa es la María.

—¿La María?, les preguntaba yo

—Sí, ¿no has visto que piernas tan bonitas tiene?

—Si claro, sin llevar las gafas queréis que las vea bien.

—Pero anda con un noviete desde pequeña, con el que sale y deja de salir.

La verdad que esta chica no la tenía muy presente por lo poco que se dejaba ver entre sus amigas por la relación mencionada, pero la curiosidad despertada por mis amigos, hizo que me fijara mejor en uno de los días que se dejó ver.

Al verla más de cerca y detenidamente confirmé de que realmente sí que era guapa.

En una de sus relaciones fallidas con el que ahora es su marido, le comenté el interés que empecé a tener por ella, entre risas y palabras de aprobación le parecía muy bien, y me dijo que ella también estaba interesada en empezar esta nueva relación conmigo, cosa que me fascino enormemente.

Bueno toda la semana dedicada a soñar con la que iba a ser mi amada María, nada más lejos, pero así lo sentía y con ello soñaba, pensando cada día, cada minuto, cada instante para que no se apagara esa pequeña llama que había prendido en mi corazón. Todo ello amenizado con la música del momento que daban por la radio y que de un lado para el otro con la ruedecilla no dejabas de buscar la sintonía con la pieza que a ti te gustaba escuchar, y que era de actualidad, desde las primeras canciones de Michael Jackson, pasando por los Boney M, los Imagination (los de Music and Lights) que llenaban todas las pistas del momento, Earth Wind and Fire , que se yo, tanta música buena que me había acompañado e invadido mi corazón que ahora quería escuchar en voz alta para compartir con el mundo.

El fin de semana siguiente, predispuesto a comenzar las relaciones con María, llegamos como siempre con las bicis al pueblo y vemos a nuestras amigas en la plaza de la Iglesia comiendo unas chuches, pero sin que se viera la María, preguntamos por ella, y nos dijeron que había vuelto con su chico.

Cielos, tierra trágame, no, lo siguiente, pulsar botón de autodestrucción. Sus amigas intentaron consolarme diciéndome que María estaba siempre así, cuando lo dejaba, estaba un tiempo con otros chicos y luego siempre volvía, así que mejor que me olvidara de ella. Lo entendí y lo asumí rápidamente, por meterme en donde no me llaman.

Al cabo de unos meses, en una de sus rupturas, María se acercó a mi para primero pedirme perdón por lo que me había hecho y luego para pedirme, ahora sí, la oportunidad de conocernos. Bueno me sentía demasiado ofendido para creérmela y no iba a dar ese paso tan fácilmente, de todas formas como amigos no tenía nada que perder. Me pidió el teléfono para quedar un día por Barcelona, ella estaba dispuesta a bajar para verme y poder hablar allí más tranquilamente, donde nadie nos conociera.

Así lo hice, y pocos días después recibía su llamada. Suena el teléfono, lo coge mi madre.

—Fede.

Como me llamaban en casa, ella y mi hermana.

—¿Que?

—Es para ti

—¿Quién es?

—Una amiga.

—Hola, ¿quién eres?

—Hola Mateo, soy la María,

Escucho su voz temblorosa al otro lado del teléfono.

—Dime, ¿qué quieres?

—Nada, como te comente hoy bajaré a Barcelona y podemos quedar para vernos.

—Vale, ¿dónde quedamos?

Ya no me acuerdo donde fue pero eso día dimos un paso para afianzar el comienzo de una relación seria marcando los objetivos de llegar lo más lejos posible.

6 meses duró nuestra relación. Fueron 6 largos meses, intensos, cuando llegaba el fin de semana estábamos deseando de vernos, yo pasaba a buscarla con el Seat 127 que me dejaba mi padre con el carnet de conducir recién sacado, le picaba y la esperaba en la puerta esperando a que acabara de comer o de lavar los platos, y de ahí nos alejábamos hacia los rincones más tranquilos en donde pudiéramos contarnos como nos había ido la semana, compartir nuestras intimidades y vivir nuestro presente. Ella caía en mis brazos como yo en los suyos con sueños cargados de imaginación con planes de futuro con los que vivíamos una realidad virtual llena de emociones y sensaciones. Me gustaba especialmente estar con ella largas horas en un lugar llamado el Parador de Castellbisbal, desde allí, en lo más alto se podía divisar una gran extensión cubierta de otros pueblos, carreteras, autopistas el río Llobregat y polígonos industriales combinados con bosques y matorrales. Cuando se nos hacía de noche alcanzaba una mayor vistosidad por los diferentes alumbrados que podíamos observar, y que lo convertía en un lugar especial para nosotros.

Los días pasaban y esos sueños que habíamos construido teníamos que ir realizándolos, avanzábamos en nuestra relación y mis deseos por ella iban en aumento. Me recuerdo una noche que salió desde su casa, para estar un rato conmigo en la puerta, iba en bata, tan sedosa como su piel, la abrazaba y la sentía con unos deseos irrefutables de poseerla, mientras ella se me apartaba entre risas, no tardaba en volver a cogerla convirtiendo el acto en uno más de nuestros juegos.

Yo ya empezaba a ser más exigente con nuestra relación, pero veía como ella no estaba por la misma labor, tenía 16 años tan sólo, aunque muy madura no podía pensar igual que yo, necesitaba más tiempo, un tiempo al que yo no estaba dispuesto a seguir esperando, por eso la relación entró en un periodo de desgaste, del que ya no supimos salir. Ella tomó la irrevocable decisión de dejarlo. Y aquellas hermosas pantorrillas dejaron de caminar conmigo.

Terminé la Formación Profesional, completando el 5º curso y con ella una etapa más, para dar paso por fin a lo que sería la construcción de mi propio futuro con mis éxitos y mis fracasos.

Capítulo VI
La vida laboral

Con 20 años mi padre me encontró trabajo en una de las empresas proveedoras de Seat, Seincosa S.L. dedicada a realizar las tareas de la limpieza técnica en las instalaciones del Taller de Pinturas. Consistía en eliminar los restos de pintura que se habían depositado en los lugares por donde transitaban las carrocerías remolcadas por cadenas transportadoras aéreas y terrestres. Estaban las Cabinas de Pintura, los Lavaderos, Los Extractores, Los Regaderos, Los Pozos, las Máquinas de Pintar, Hornos, Túneles de Pretratamiento, Pulmones, etc...

El primer día que entré, me pusieron con un cepillo de alambre para rascar el óxido de las eslingas que transportaban las carrocerías, tiradas por unas largas cadenas que pasaban por raíles aéreos, y que venían vacías después de dejar la carrocería en otro tramo, y que estaban llenas del óxido que habían cogido después de pasar por los túneles de lavado entrando luego en contacto con el aire.

Requería un importante esfuerzo físico durante 8h. Y no entrar en el aburrimiento de la monotonía.

Pero tenía el apoyo de mi padre que desde el primer momento me daba ánimos para que no cesara en los míos.

Él trabajaba fijo, como Encargado al turno de noche, y no tardó en conseguir que fuera al mismo turno que él.

Las tareas en este turno eran más variadas pero por otro lado más físicas y penosas. Se aprovechaban las horas del turno de noche en que la producción estaba parada, para entrar por todos los rincones en donde se habían acumulado los restos de pintura.

Cuando tocaba limpiar las cabinas, entrábamos el grupo de obreros designados y comenzábamos por quitar las rejas manchadas de pintura pastosa semiseca, las colocábamos sobre una gavia que íbamos empujando a mano por los mismo raíles sobre los que se desplazaban los carros que transportaban las carrocerías, cuando la llenábamos la sacábamos fuera para que el carretillero se la llevara y nos pusiera otra vacía. Cuando terminábamos con todas, entrábamos a rascar, con las largas espátulas, los raíles y guías sobre las que se alojaban las rejas, cada uno en un recuadro, cuando acababas de limpiar uno, subías por el rail y en equilibrio pisando con las botas de agua, saltabas al otro, después con unos cubos llenos de grasa y escoba redonda de esparto, cada uno, la aplicaba por los mismos lugares que habías rascado para que la pintura no se pegara. Luego llegaban las gavias con rejas decapadas y limpias que volvíamos a colocar. Terminada la jornada volvíamos a los vestuarios, a unos 10 minutos andando dependiendo donde estuviera la cabina. Allí dejábamos nuestros monos sudados, manchados de pintura y grasa, teníamos sólo una muda y a veces no daba tiempo a lavarla y secarla de un día para otro, cuando era así había que volver a ponerse el mismo mono al siguiente día.

A los pocos días, cuando nos íbamos conociendo, y buscábamos afinidades, uno de los chicos me comentaba que tenía también a su padre trabajando en Seat, en concreto como Encargado, asignando y supervisando las tareas que realizaba nuestra empresa. Se llamaba Constancio, y no tardamos en hacernos amigos. Había trabajos que se hacían en pareja, como los lavaderos, los extractores y los regaderos. A veces nos enviaban juntos. Cuando tocaban los lavaderos, adosados en los laterales de las cabinas, llegábamos unos 10 hombres, abríamos las compuertas, colocábamos en el suelo papel de zafia para no manchar, encintando los contornos para fijarlo y comenzábamos a rascar con las espátulas largas y de mano, las costras de pintura, luego dar grasa limpiar y cerrar.

Otro día extractores, era igual que los lavaderos, pero estaban situados en el nivel superior, y la estrechez de los conductos hacia más dificultosa su limpieza, entraba uno, cuando quedaba agotado, entraba el otro, así hasta acabar.

Después de la jornada, a veces quedaba en la salida invitado por mi amigo Constancio para fumar un porrillo con él y otro chico, Alberto que también tenía a su padre Trabajando en Seat, con la categoría de Maestro (superior a la de encargado). Esto nos servía de corta fuegos para olvidar lo más pronto posible la mala noche que habíamos pasado y así estar dispuesto para comenzar a la noche siguiente.

Cuando tocaban los pozos había que entrar por debajo de las cabinas con lámpara portátiles y recoger con palas los sedimentos y lodos de pintura. Otra noche más

Uno de los días en que tocaba hacer cabinas, me avisó mi padre de que iba a llegar el nuevo Gerente de Pinturas, y que posiblemente lo podríamos ver por las instalaciones. Así fue, cuando estábamos acabando de quitar las rejas y nos disponiamos a entrar a nuestros respectivos cuadros, lo pudimos ver atravesar por el fondo de la cabina acompañado por la pequeña comitiva de mandos que le estaban enseñando las instalaciones.

Se llamaba De Castro, para nosotros conocido como el Sr. De Castro.

Cuando tocaban regaderos, la peor de las faenas, era un canal por donde circulaba el agua con los restos de pintura a lo largo de la zona central de las cabinas, entrábamos con chalecos impermeables y sin mascarilla, alternábamos al igual que en los extractores, pero con menos rato de duración, casi asfixiados y cada vez más extasiados. El trabajo tenía tal consideración de dureza que si acabábamos en 2 horas, teníamos el resto de la jornada de descanso.

Cada día que entraba por la puerta principal hasta el vestuario, podía contemplar esas largas filas de coches aparcados por el recinto, de todos los colores. Cuando tenía oportunidad de verlos más detenidamente, me quedaba en frente observando su diseño, disfrutando de sus detalles, en una auténtica interacción entre el objeto y yo, me transmitía sensaciones y emociones.

Mientras pasaban los meses, los ahorrillos iban creciendo. Mi primera gran adquisición fue la compra de un Seat Ronda 1.5 motor System Porsche, color azul metalizado, con llantas de aluminio y spoiler trasero, muy chulo. Fue una oferta de coches depreciados por alguna tara, que salían rebajados de precio y que quedaron retenidos para su venta.

El poder tener acceso a uno de esos coches fue la culminación de uno de mis principales sueños.

La motivación en mi trabajo iba en aumento, me sentía un colaborador más de esta gran empresa, con mi aportación estaba contribuyendo a la fabricación de uno de los mejores artículos de los que se puede disfrutar, y que requiere de una elaboración enormemente compleja, en donde la suma de esfuerzos, talentos, y voluntades culminan con una obra maestra, algo sencillamente maravilloso, "un coche".

—Esta noche os toca limpieza de vestíbulo de hornos.

Salio al paso el Supervisor asignando el reparto de faenas, dirigiéndose a mi y a Constancio. *—pastillas de freno —a toda pastilla— salpicadero —empieza mi pesadilla... no puedo parar parar parar.*

—Vamos Mateo, esta noche vamos a estar bien.

Sólo había que aspirar las paredes y el suelo de la entrada de horno, eso sí, en profundidad para eliminar cualquier resto de polvillo o carbonilla de forma que no afectara a las carrocerías que una vez pintadas con la pintura fresca todavía, no fueran afectadas por cualquier pequeña mota que se depositara sobre la superficie y que luego una vez seca convertida en una impureza hubiera que lijar y pulir por los pulidores y repasadores de final de línea.

Hora del bocadillo.

—Yo voy a comer con mi padre Constancio.

—Vale yo también con el mío. No corras que vamos bien de tiempo.

—Ok.

Mi padre me tenía preparado ya el bocata, con el pan y embutido que repartían los comedores en cada turno para los empleados de Seat. El pan había estado 10 minutos calentándose en la estufa de masilla marrón, lo encontraba calentito, le metía dentro los quesitos del Caserío que también nos daban, fundiéndose entre el embutido y el pan haciendo una combinación perfecta.

El turno de noche fijo que llevaba hacia que te fueras desconectando de la normalidad, durmiendo por el día y trabajando o desvelado los fines de semana por las noches. Si salíamos de fiesta perfecto, pero sino hasta que no llegaba el día pasaba la noche dando vueltas en la cama, tiempo que tenía para pensar y reflexionar, o simplemente me encendía la radio y escuchaba algún programa nocturno.

Por aquellos años, hablamos del 1985-1986, el barrio en donde vivía, la Torrasa, tuvo un aumento en el parque de vehículos, y el aparcamiento en las calles resultaba cada vez más difícil. La demanda de los parkings también subió y por ende los precios. Cuando salía un cartel de "se vende parking", a las pocas semanas, incluso días se retiraba el cartel.

La curiosidad que tenía por saber a como se estaban vendiendo, hizo que un día llamara a uno de ellos.

—Hola, buenas tardes

—Hola

—Llamaba interesado por el parking.

—Si dígame.

—Sólo quería saber cuál es su precio.

—1,5 millones de pesetas.

—Muy bien, gracias, ya me lo pensaré.

Los siguientes que se iban vendiendo por la zona o en el mismo garaje, subían su precio de venta, llegando a alcanzar los 2 millones.

En una de esas largas noches sin poder dormir, tome la decisión de invertir en una de esas plazas, de forma que en un tiempo me diera una rentabilidad.

Al día siguiente le pedí a mi padre que me acompañara para explorar la zona, mi presupuesto no era mayor de 1 millón de pesetas, así que buscando llegamos hasta el barrió de Santa Eulalia, a 15 minutos andando del nuestro, allí las plazas eran más baratas. Me enseñaron una que estaba en uno de los bloques nuevos, amplia, de acceso fácil y bien conectada. El precio, 750.000 pts. Lo vi claro, entraba dentro de mi presupuesto y las posibilidades de rentabilizarla eran máximas, pues el bum de los parkings a la venta por aquella zona todavía no había llegado.

Mi padre asustado por lo que quería hacer, me pidió consultarlo con su hermano, mi tío Manuel, que le diera su opinión. Fuimos a llamarlo, pues vivía cerca, y por el camino iba replicando, este niño está loco, donde se va a meter. Pero mis pasos eran firmes y seguros mientras nos dirigíamos a enseñarle la plaza. Los dos hermanos se miraban y en el fondo sabían que llevaba la vena de mi abuelo, que nunca quiso trabajar para nadie, y tenía un espíritu emprendedor. Me contaba mi padre de él, que a veces les decía a sus hijos; que no quería verlos cavando hoyos y que al día siguiente no les llamaran a trabajar por ser el que menos hoyos había cavado.

—Bueno, si está seguro que la compre.

Dijo mi tío, y seguidamente.

—Eso sí, que vaya al Registro de la Propiedad para ver si está libre de cargas.

En ese mismo instante cerré el trato con los propietarios, con una paga y señal, más el contrato de arras.

Esta fue mi primera inversión. Cuando a los pocos meses vi que comenzaba a moverse la zona, puse mi cartel de "se vende" y semanas después lo pude vender por casi el doble.

Pero la cosa no iba tan bien, llegó el primer invierno desde que tenía el coche nuevo, y en una de las mañanas de frío mi coche no arranca. Contacto y acelerador, una y otra vez, sin resultado positivo y un creciente olor a gasolina, indicando que el coche ya estaba ahogado. Por la tarde con menos frío, vuelta a probar, lo consigo arrancar y me lo llevo para el taller.

—Estos coches salieron con un defecto de fábrica, de tipo eléctrico, en el que el estarte automático no se conecta.

—¿Entonces que hago?

—La reparación resultaría muy costosa, así que lo mejor que puedes hacer para arrancarlo es pisar primero el acelerador dos veces para inyectar entrada de gasolina, sin ahogarlo, y luego ir probando con el encendido hasta que te empiece a coger el arranque, en ese momento le empiezas a pisar progresivamente hasta que arranque y mantienes el acelerador pisado a unas revoluciones suficientes para que no se te cale.

Pues nada así lo iba haciendo. Costó pillarle el tranquillo pero bueno una vez aprendido todo el ritual, pude ir tirando con él.

La empresa empezó a ir mal, el personal empezaba a exigir mejoras salariales y el presupuesto no parece ser que diera para más. Así que comenzó a cundir el malestar entre la plantilla, y la prestación del servicio a Seat también se vio mermado.

A la vuelta de las vacaciones de verano, de retorno de nuevo al trabajo al intentar cruzar la puerta principal, el vigilante nos impide el paso al recinto, comunicándonos que Seat había rescindido el contrato a la empresa Seincosa. Después de 3 largos años, nos vimos borrados del mapa de un plumazo.

—Mateo, Alberto, vamos a mi coche que tengo chocolate para fumar.

Nos pusimos hasta arriba, para olvidar.

Había que empezar de nuevo.

Una de las mañanas en que me encontraba durmiendo, sin haber podido todavía cambiar el sueño después de trabajar tanto tiempo fijo a turno de noche, mi padre me llama para comunicarme que se había enterado de que había una parcela en venta, sabiendo de mi interés por la inversión y para conseguir animarme un poco, sin saber que volvería a intentar invertir. El problema era que este terreno se encontraba lindando con el de mis tíos, además el propietario nos indicó el interés mostrado por ellos en alguna ocasión. Pero mis tíos no se encontraban ese día allí, coincidía que asistían al entierro de un amigo-novio de mi prima que había sufrido un accidente de coche en una de las curvas mortales que hay entre el pueblo y la urbanización. Yo por mi parte y sabiendo lo delicado del momento, pero por otro lado sabiendo que esa parcela estaba a un muy buen precio y sin saber las intenciones reales de mis tíos, le pedí al dueño que cerráramos el trato con una paga y señal, que luego hablaría con mis tíos para confirmar si de verdad la querían y que sin ningún problema le daría paso para que la acabaran de comprar ellos. Pero el propietario no accedió.

Al día siguiente nos llama mi tía María por teléfono y nos pide explicaciones del porque habíamos intentado comprar ese terreno, aprovechando que ellos no estaban allí por la condolencia de este chico. Yo le transmití mis verdaderas intenciones, pero su enfado iba en aumento.

—Corta ya el teléfono, no tienes que dar explicaciones a nadie.

Escuché decir a mi primo al otro lado.

Escuchando el clin, se puso fin a años de tan íntima vida familiar.

Siendo consciente de que el tema era delicado y después de días de reflexión entendí que ese día marcaría rumbos y destinos diferentes para estas dos familias y en particular en mi caso, cerrando un capítulo más, que después de tanto tiempo, venía a demostrar de como la convivencia sólo había hecho que erosionar las relaciones, desgastándolas hasta el punto que cualquier excusa puede elevarse a la categoría suficiente que justifique una ruptura, ya deseada de antemano, para dejar pequeñas rencillas y egos que dieron paso a tan fatal desenlace.

Maldita curva, con un índice de mortalidad elevado que un día decidió llevarse la vida de una persona más, a la que yo ni siquiera conocía, una curva que acabó enterrando los 20 años largos de algo más que una amistad, la familia.

Las consecuencias fueron inmediatas, de la pandilla quedábamos tan sólo 3. El pesca y el Ferran, se echaron sus respectivas novias, y Jose, el pelusa, como le llamábamos por la espesura y fortaleza de crecimiento de su pelo por todo su cuerpo, si se afeitaba por la mañana, por las tardes ya tenía una barba cerrada y bien marcada, en fin Jose, sin acento, tal como nosotros le mencionábamos siguió centrado en sus estudios universitarios de Biología. Y por tanto sólo quedamos mi primo, yo y el Antolín, este último después de la ruptura familiar decidió aliarse con mi primo, y yo me quedé más sólo que la una. Tampoco fue un gran problema, si bien cuando llegaban los fines de semana sí que echaba algo de menos las salidas de fiesta, aunque aburridas por la monotonía en la que habíamos entrado por no encontrar pareja estable. Y aunque a veces hice alguna salida por mi cuenta, la verdad que ya no era lo mismo.

Por aquellas fechas, Seat entró en una de las crisis más profundas. No dejaba de presentar pérdidas y el Estado estaba harto de desviar fondos para mantener ese motor económico. Fiat como accionista mayoritario quería desprenderse de su filial y la puso en subasta. Ofertaron por ella los japoneses y los alemanes principalmente. La opinión del gobierno español para decidir en manos de quien iba a quedar, iba a ser decisiva. Finalmente optaron por la matriz de Volkswagen, como algunos directivos de Seat decían, por lo menos se nos parecen más en los rasgos físicos.

No tardaron en aterrizar directivos alemanes con el fin de transformar la empresa, invirtiendo en tecnología nueva, creando nuevos proyectos de desarrollo con nuevos modelos y enseñando a los empleados con el traspaso de sus conocimientos más evolucionados.

Seat contaba con una plantilla de 35.000 trabajadores y no era nada fácil poder entrar, al contrario, con la nueva tecnología, sobraba personal. Para que la empresa fuera viable, hicieron las primeras ofertas incentivadas a las que se acogieron numerosos empleados, por otro lado la plantilla estaba envejecida y necesitada de una renovación. Fue ahí en donde se abrieron las puertas para dar paso a gente joven. Siendo en el año 1988 cuando mi padre consiguió los apoyos necesarios para que pudiera ingresar en sus filas. Mi amigo Constancio también entró.

Esto me dio un golpe de aire nuevo y de motivación especial por lo que no estaba dispuesto a fracasar. La motivación era máxima, así que *—pastillas de freno —a toda pastilla— salpicadero— empieza mi pesadilla... no puedo parar parar parar.*

Entre a trabajar en las instalaciones de Pintura, taller 8, en donde había estado trabajando para la empresa Seincosa y en donde se encontraba trabajando mi padre. A las pocas semanas mi padre me reclamó para formarme en su turno fijo de noche. Él era encargado de un grupo reducido de 5 hombres, que tenían asignadas las tareas de vaciar las cabinas cuando terminaba el último turno, pintando las carrocerías que quedaban. También hacer las tareas del mantenimiento de los circuitos de pintura, purgando con disolvente las tuberías que llevaban más tiempo sin pintar, por llevar colores menos comerciales, o cuando durante el día habían tenido problemas de sedimentaciones y por tanto rechazos de producción. Luego antes de empezar el turno de mañana desde los pulmones de chapistería se llenaban los ramales del TTS (túnel de tratamiento de superficies) en donde las carrocerías entraban al taller de pinturas para recibir el primer tratamiento, enjuagándose primero y luego recibiendo una capa de fosfatación de tan sólo 1 micra, que cambiaba las propiedades metálicas de la carrocería, para evitar la corrosión, y que a la vez preparaba la superficie para recibir las siguientes capas, de cataforesis, imprimación y color. También reparábamos las carrocerías que habían quedado apartadas para lijar de pintura y volver a recircular. Tocábamos todos los temas básicos y elementales de Producción, Calidad y Mantenimiento. La ventaja que tenía de conocer las instalaciones en los rincones más ocultos, me permitía moverme con gran facilidad, libertad y seguridad.

Todos los conocimientos de mi padre y su grupo fueron puestos a mi disposición, y en los 3 años que estuve conviviendo con ellos no paré de aprender y de empaparme, hasta conocer en profundidad las tareas y labores que se realizaban en aquel taller.

Mi padre que se convirtió en mi mejor amigo, me ponía a pintar muebles de oficinas para que fuera practicando. Primero los lijaba, luego se soplaba con aire y después con una bayeta impregnada en un alcohol llamado heptano, se acababa de limpiar minuciosamente y vuelta a soplar para eliminar cualquier resto de impureza. Preparábamos la pintura, primero la imprimación con 1/3 parte de catalizador para que secara a temperatura ambiente y a pintar con pistola aerográfica.

—Tienes que ir un poco más rápido si no formarás regales de pintura.

Me decía.

—Pero si se ve bien.

—No, pero estás cargando mucho y dentro de nada verás cómo te empieza a chorrear.

Efectivamente, veía como se iban formando unas pequeñas aguas que anunciaban el origen del defecto.

Bueno, 2 horas después, una vez secado, ha lijar los defectos, limpieza y vuelta a pintar, ahora de color. Con pulso firme y constante, comenzando desde arriba, de izquierda a derecha, bajo un tramo, y de derecha a izquierda, bajo otro tramo y así hasta llegar abajo.

—Tienes que ver como va cayendo la pintura sobre el objeto, comprobando como va quedando cubierto, para no pasarte ni quedarte corto.

—Vale.

—Ya se te ha ido la mano, lo has cargado demasiado, hay que limpiarlo antes de que seque y volver a empezar. Vamos justos de tiempo, tenemos que dejarlos pintados hoy. Espera que voy a llamar al Martín, para que nos eche una mano.

Martín, era el operario que tenía de mayor confianza.

Con el paso de los días fui tomándole el pulso a la pistola hasta conseguir unos movimientos robotizados, con la velocidad de aplicación necesaria según viscosidad del producto y temperatura ambiente, que concluían con un acabado perfecto.

La empresa decidió coger un grupo de jóvenes para formarlos como maquinistas de máquinas de pintura, para que fueran conductores de las líneas de pintura. La duración era de 4 horas diarias, durante 4 meses, en la escuela de formación profesional de Seat, fuera de horas de trabajo.

Había que darlo todo, —pastillas de...

Los resultados fueron más que satisfactorios. El conocimiento adquirido nos puso al corriente del funcionamiento de las máquinas más importantes y sofisticadas del taller de pinturas, las máquinas electrostáticas, que pintaban de forma automática las carrocerías. Nos enseñaron a introducirle los parámetros de la aplicación, su funcionamiento y componentes internos al detalle, para adquirir un amplio conocimiento de su manejo, por eso tuvieron que dar también materias de neumática, hidráulica y mecánica.

Pocos meses después, nuevas promociones para la plaza de Encargado. Me presenté a las pruebas de examen, en las que puntuaba sobre todo los conocimientos prácticos. Aprobé y pase a ocupar una de esas plazas.

Por entonces ya habíamos cambiado la residencia habitual yéndonos a vivir a la torre. Allí se quedaron tantos años, numerosos recuerdos, mis coches de plástico convertidos en jugadores de fútbol, era lo que más iba a echar de menos por lo que me ayudaron a evadirme durante tantos años de pesadumbre y aburrimiento.

La calidad de vida que tuvimos con el cambio fue enorme.

Mi sueldo cada vez mayor, me permitía seguir invirtiendo. Así que me puse a mirar terrenos que estaban en venta, que al igual que pasaba con los parkins, los letreros de se vende, florecían por semanas.

—Vamos a hablar con la Juanita que es amiga mía y se dedica a la venta.

Me dijo mi padre, después de haber visto ya algunas.

Nos enseñó algunas más y finalmente opté por una a precio de mercado razonable, 3 millones de pesetas, tenía buenas vistas, si bien con bastante pendiente.

Al poco tiempo, cuando nos encontrábamos en la reunión familiar de los fines de semana, sentados a la mesa, mi hermana hace un comentario.

—Pues la parcela que hay frente a mis suegros es más grande y llana que la que te has comprado, lo que no está en venta y los dueños nunca vienen por allí.

Se me encendió la bombilla.

Al día siguiente, el lunes me voy al Ayuntamiento de Castellbisbal a preguntar por los propietarios de esa parcela, y me dieron su dirección, por aquellas fechas no existía la ley de protección de datos. Fui a Barcelona acompañado por mi padre, que cada vez alucinaba más, pero sabedor de que iba a quedar en un intento fallido. Bueno pensaría él, le daremos el gusto al niño.

—Oiga la calle "tal"

Preguntaba yo a través de la ventanilla del coche.

—Si está cerca, le indico.

—Esta es la calle, y el número está cerca.

—Mira ahí hay un aparcamiento.

—Esta es la vivienda.

Estaba en una casa baja en un barrio de Barcelona.

—Igual no están.

—Pica otra vez.

—Sí parece que se escucha ruido dentro, vendrán a abrirnos.

Nos abre una señora mayor.

—Hola, me presento, mire soy un vecino suyo de Can Costa, me llamo Mateo, y venía a preguntarles por la parcela que tienen, si podrían estar interesados en venderla.

—No sé, pasad, mi marido está dentro.

—Hola buenas tardes, encantado señor.

—Estos señores que dicen que son de Can Costa y pregunta por el terreno que tenemos.

—Ah, sí, este terreno lo tenemos desde hace muchos años, pero es verdad que nunca vamos por allí, nos gusta ir más a Gerona con nuestros hijos que tienen un apartamento en la playa.

Le volví a manifestar mi deseo de comprársela.

—¿Le interesaría venderla?

—Pues la verdad es que no lo había pensado, además tampoco debe valer mucho, por allí los terrenos son baratos.

—No sé, si quiere póngale un precio.

—Bueno la verdad que no lo tenía pensado, pero como tampoco me hace falta, ni cuento con ella, pues no sé. ¿2 millones?, ¿2 millones y medio?

—Le doy 2,4 millones. ¿Qué le parece?

—Pues lo veo bien.

—Vale, le parece bien si quedamos pasado mañana para hacer el contrato de compra-venta y le pago.

Al día siguiente fui al Registro de la Propiedad en Tarrasa. Confirmé que estaba libre de cargas.

Al fin de semana siguiente, sentados a la mesa, mi hermana y mi cuñado, pero estás loco acabas de comprar un terreno hace 4 días y ahora compras otro.

—Ya veréis como es un buen negocio.

Al poco tiempo le puse los carteles de se vende, y meses después me salió un comprador para la primera que había comprado, pagándome por ella casi el doble de lo que me había costado, 5,6 millones de pesetas.

Mientras en fábrica seguía con las nuevas funciones encomendadas para cubrir esa plaza asignada de Encargado que no iba a resultar nada fácil acceder a ella, había muchos intereses cruzados. Mientras esperaba mi momento, veía desde las nuevas instalaciones del TTS de las que yo era el conductor de línea, que se encontraban en alto, el movimiento del taller, las carrocerías se desplazaban en un continuo zig-zag de ida y venida recorriendo instalaciones automáticas de inmersiones en baños, entradas y salidas en cabinas y hornos, intercaladas con las áreas pobladas de operarios esperando la llegada de las carrocerías para realizar su carga de trabajo. En ese continuo trajín observaba como uno de los chicos, David, acompañaba en el recorrido de las instalaciones a uno de los encargados que estaba a punto de jubilarse y que iba a dejar la plaza vacante para ser ocupada, en principio por mí, le estaba enseñando y formando en las tareas, bueno en principio había más plazas y no iba a ser un problema. Aunque al final si lo fue porque yo finalmente conseguí el ascenso y David no, convirtiéndose así en mi peor enemigo, que pronto dejé de ver, pero no para siempre. David, resabiado como nadie aplicó la filosofía de "arrieros somos", equivocada por otra parte pues yo no sé qué le habían vendido a él, supongo que promovido por apoyos menos relevantes de la jefatura de pinturas que intentaron implantar su ley colocando a este chico, válido, todo hay que decirlo, pero saltándose los protocolos que ya habían establecido los mandos superiores. Lo sentí de verdad por David porque no se merecía eso, era un chaval muy válido. Años después tendría su oportunidad de promocionar y también de resarcirse conmigo.

La responsabilidad de las tareas encomendadas iban a requerir de un gran esfuerzo, con un buen tiempo de dedicación, que por otro lado estaba totalmente dispuesto a asumir, *—pastillas de freno —a toda pastilla— salpicadero —empieza mi pesadilla... no puedo parar parar parar.*

Así que manos a la obra.

La zona asignada partía de la entrada al taller 8 en donde recibía las carrocerías que llegaban desde el Taller de Chapistería para luego ser procesadas por los baños del TTS, hornos, baño de inmersión en la balsa de KTL para pintarse de cataforesis, hornos hasta llegar a la línea de tapones y masillas para el sellado del piso de la carrocería. Instalaciones con un recorrido kilométrico.

El personal del que disponía era de aproximadamente unos 20 operarios a los que les asignaba las cargas de trabajo a realizar, modificándolas cuando era necesario para mejorar sus condiciones de trabajo o porque se había introducido alguna modificación en el proceso y se eliminaban operaciones o se añadían.

En el turno de tarde había que dejar unos espacios libres de carrocerías para que el personal de la limpieza técnica, ahora llevado por operarios de la plantilla de Seat, tuviera fácil acceso a esas zonas. No resultaba nada fácil el calcular donde iban a quedar ubicados esos huecos, pues había que hacer cortes de producción 4 horas antes para que no pasaran esas carrocería durante esos minutos con el fin de que cuando parara la cadena al finalizar el turno, esos huecos quedaran situados en lugar justo. En el recorrido podían entrar casi 300 carrocerías, y con los cortes se perdían en ocasiones hasta casi 100, si no se calculaba bien, como en muchas ocasiones sucedía, estos huecos quedaban desplazados de tal forma que no quedaban en el lugar correspondiente y por tanto no había servido para nada. En este tema tuve que esmerarme y estudiar bien la forma de hacerlo sin fallar, para ello aprovechaba los momentos de paro para recorrer las instalaciones por las que transitaban las carrocerías y que yo conocía perfectamente, pues pocos años antes había estado limpiándolas, contando uno a uno todos los espacios que había en cada tramo, luego haciendo una previsión de los paros de producción lógicos de cada día, y según el día, estimaba los minutos de antelación con los que tenía que adelantar los cortes de producción para empezar a dejar los claros.

El primer día muy bien, al siguiente ya con más precisión, perfecto. Empecé a recibir las primeras felicitaciones por parte de mis superiores, por considerar, con la experiencia anterior que habían tenido, que no resultaba nada fácil cuadrarlos así.

Una vez dominado el tema, le daba una hoja con las pautas a seguir para que lo hiciera uno de mis operarios, Gallardo, que se encontraba en el primer puesto y tenía acceso para hacer los cortes del paso de carrocerías.

Con más tiempo para seguir gestionando la línea y controlando la producción y la calidad, me invitaron a realizar sugerencias de mejora que además se estaban pagando bien, se daba un tanto por ciento del ahorro anual estimado.

Comencé a intercalar el tiempo de gestión con el estudio de ideas de mejora. En poco tiempo presenté 3. Unos meses después vinieron aprobadas por el Departamento de Sugerencias. Una vez probadas e introducidas en el proceso, me vino el premio del ingreso suplementario de la nómina, la que mejor me pagaron fue una que hoy todavía se está utilizando en la planta de Martorell. Consistía en eliminar una de las protecciones de plástico que se alojaba en el aforador del piso de la carrocería, un hueco de casi dos palmos de diámetro y que se tapaba para que la carrocería cuando pasaba a pintarse por debajo con masilla aplicada por extrusión, no manchara el habitáculo de aerosoles de masilla. La forma de sustituirlo consistía en desplazar y tapar ese hueco con una de las mantas insonorizantes, o Kellers como le llamábamos, y que se alojaban sobre la superficie del piso y que antes de que entrara al horno había que devolverla a su lugar para que una vez seca hiciera su función inicial de quedar adherida de forma que impidiera los sonidos y vibraciones del piso del coche. Este material de plástico era una de las protecciones más caras que se utilizaban y que luego se desechaban, claro multiplicando el valor de la pieza por los 2.000 coches que se hacían a diario significaba un gran ahorro.

Mientras me sentía admirado por mis trabajadores, el jefe que me precedía en la cadena de mando, con la categoría de Maestro, el Sr. Costa, me llamó a su pequeña oficina, que se encontraba a pie de línea, para decirme que la próxima sugerencia la teníamos que presentar conjuntamente. Le dije que de ninguna de las maneras.

No tuve que convivir mucho más tiempo con él, porque al poco tiempo Volkswagen presentó un expediente de regulación, ERE, para los mandos intermedios, que iba a ser rotativo, con derecho a volver en 12 meses.

A mi padre le forzaron a acogerse a un despido voluntarío, porque ya no había sitio para él, después de más de 40 años al servicio de Seat, y a tan sólo 4 años de poder jubilarse como siempre había sido su deseo, con la contraprestación de que yo seguiría trabajando, aceptó el chantaje.

Capítulo VII
El Romance

Unos meses antes había conocido a la que ahora es mi mujer, Pilar o Pili.

Durante una de las estancias vacacionales por las tierras andaluzas, en Granada, y más concretamente en un pueblecito de costa, Carchuna, en donde nos hospedábamos en casa de una de mis tías, fue cuando conocí a la novia de mi primo Bernardo, una chica que remanecida de un pueblo de montaña a 50 kms y que me resultaba muy curiosa por su comportamiento desenfadado y alegre propio de la tierra. Mi otro primo, su hermano, más pequeño, me habló una de las noches sobre una de las chicas de ese pueblo, que era familia de la novia de Bernardo, que era muy mona pero por otro lado inaccesible por lo rodeada de hermanos, familiares y amigos que la envolvían en su mundo.

—Bueno nos acercamos un día por allí.

Le dije a mi primo Agustín

—Las fiestas son esta semana.

—Vale pues nos pasamos por allá, tomamos algo y vemos el ambiente. Habrá más chicas apañadas a las que poder conocer.

—Seguro.

A la atardecer, cogimos mi coche, por entonces ya había adquirido otro, un Seat Toledo de ocasión procedente de Gerencia con algunos kms y poco tiempo y que no pude resistirme a pedir a unos de los grandes jefes que nos visitaba un día de barbacoa en casa, invitado por nosotros por la buena relación que teníamos con él, por lo que nos había ayudado a prosperar con sus apoyos dentro de fábrica, era una persona influyente, de aspecto afable, maño, corpulento y una gran persona, Sabino, para nosotros el padrino. Le pedí que me reservara el coche con el que llegó a nuestra puerta, una berlina espectacular, de color gris marengo, oscuro brillante y muy elegante, con llantas de aluminio de cinco palos y spoiler trasero alojado en el portón para estilizar su línea, pintado como los parachoques del mismo color lo que hacía que el coche resultara ser de una sola pieza, muy bonito, con gran habitáculo, elegante tapizado y salpicadero y amplio maletero, sencillamente espectacular.

Con ese gran coche me planté en las Albuñuelas, rodándolo y dejándolo ver, contrastándolo entre sus hermosas casas blanqueadas, Abriéndome pasó a lo largo de sus estrechas calles hasta llegar al final del pueblo, en donde ya no había salida. Había que volverse para atrás.

—¿Pero primo, esto que está en el fin del mundo?

Se nos hizo de noche.

—Vamos a entrar a tomar algo ahí que está la discoteca del pueblo.

Sólo bajar del coche escucho el sonido de los chorros de agua natural con destino a río Santo. Siguiendo su curso, bajando unas escaleras, entramos en el pequeño recinto con la música a tope. Nos sentamos en la barra y pedimos unos cubatas.

—Mira primo por ahí viene la chica de la que te hablé.

—¿La Pili?

—Si. No te gires. Sigue como si nada.

Al momento escucho aproximarse las voces del grupo de amigas con las que viene, marcadas por el acento y ese leco especial propios de la zona, que te resulta grato. Pero aún sin haberme girado, observo como una de esas voces, suena en mis oídos a música celestial, era una voz tan diferente a todas las que había escuchado en mi vida, era un tono con sabor a miel, de color azul cielo, del sonido de las cuerdas de un aspa, del canto de una hermosa melodía, de la frescura de esos chorros de manantial que antes había escuchado. Una voz tan diferente, que en contraste a la peor de una de las que había escuchado, y que era la de mi madre, cuando estallaba en cólera, me hizo poner los bellos de punta.

—Primo, mira que te voy a presentar a estas chicas.

Que guapas son todas, pensaba, pero una de ellas me llamaba más la atención, de melena rubia clara, hermosos ojos azules y medidas perfectas.

—Hola, me llamo Pili.

La voz que me había cautivado estaba en el cuerpo correspondiente, todo encajaba perfecto. Saltó la chispa necesaria que se forma cuando un fósforo lo friccionas sobre su caja de cerillas prendiendo la llama con la que encender el fuego, un fuego que siempre intentas mantener vivo y que cuando está apunto de apagarse haces lo indecible por mantenerlo, convirtiéndolo en incombustible. Pero aún así si se llega a apagar por accidente, siempre está esa caja de cerillas repleta de fósforos.

De vuelta a la costa.

—Oye primo que me ha gustado mucho la Pili.

—Ya te lo dije, que te iba a gustar. Lo que pasa que es muy difícil de verla, siempre está muy rodeada de amigos y por estas fechas de invierno se va con su familia a hacer la temporada de la recogida de aceitunas cerca de la Provincia de Córdoba.

Yo que me encontraba pasando las fiestas de navidad.

—Ostra pero como hago para volver a verla, si yo me voy pasado mañana. ¿Venimos otra vez mañana?

—Mañana por la mañana salen temprano para iniciar la temporada. Ya tienen el Land Rover cargado.

—Qué me dices. No puede ser.

—Ya la verás en el verano.

Apesadumbrado por la mala coincidencia, sin resistirme a la cruda realidad, al levantarme a la mañana siguiente, era un domingo, despejado y soleado, uno de esos días muy iluminado. Tenía que aprovecharlo para que me guiara por caminos desconocidos.

—Primo.

—¿Qué?

—A donde me dijiste que iba la Pili a trabajar.

—A un cortijo cerca de Córdoba.

—¿Cómo se llama la zona?

—Creo que es en los Arenales, pero no estoy seguro.

—¿Cómo puedo llegar hasta allí?

—Que dices loco. No vas a poder encontrar el sitio, está perdido por aquellos campos con miles de olivos. Va a ser imposible que la encuentres, además mañana te vas para Barcelona, ya no tienes tiempo para nada.

—Tengo que intentarlo. Descríbeme un poco mejor como llegar.

—Creo que está en la carretera que va de Granada a Córdoba, pero no sé ni el kilómetro, está antes de entrar en la provincia de Córdoba.

Cojo mi Seat Toledo y emprendo rumbo al lugar desconocido, confiado de que ese día tan esplendoroso, sea el anuncio de que algo grande podía ocurrir.

—Que tengas suerte primo.

—No me esperéis para cenar.

Estaba seguro de que con las coordenadas introducidas en el GPS del amor, llegaría a buen puerto. Puse mi radio y mi cassette de música de los Model Tolking.

Una hora más tarde, paro a preguntar.

—Oiga, por favor, sabría usted decirme donde se encuentra el cortijo de los Arenales.

—Si me suena.

—No estoy seguro, pero creo que no está demasiado lejos de aquí.

Ando unos kilómetros más y vuelvo a preguntar.

—Si mire, está cerca. Cuando pase aquella montaña, verá unas casitas cerca de la carretera, todo eso pertenece al cortijo de los Arenales.

Eran las casitas donde residían los jornaleros que venían a hacer la temporada de aceituna.

—Parece que van a ser esas pequeñas, con aspecto de abandonadas.

Me dije.

Paro para ver si encuentro a alguien a quien preguntar, pero el lugar se encuentra deshabitado y abandonado. Cuando me subo al coche para seguir buscando, veo una señora limpiando una de esas casitas.

—Hola señora, buenas tardes. ¿Estas casas pertenecen al cortijo de los Arenales?

—Si.

—Estoy buscando a una chica que me han dicho que trabaja por aquí con una de las cuadrillas de las Albuñuelas.

—¿Cómo se llama?

—Pili.

—Ah, yo tengo una sobrina que se llama Pili. ¿Quién eres?

—Soy un conocido de ella, me llamo Mateo, mañana marcho para Barcelona y quería despedirme de ella antes de irme.

—Mira pues ahora están detrás de este campo que ves en frente, si lo cruzas andando unos 15 minutos la encontrarás, a ver si es la Pili que estás buscando.

—De acuerdo señora, muchas gracias.

Cerré mi coche y me dirigí hacía ese lugar. Estaba cerca de poder reencontrarme con una persona que sólo había podido saludar el día anterior, con la que no tenía nada que decirle. A medida que avanzaba, inmerso en una de las escenas que estaba a punto de protagonizar, mis pasos se acortaban y se iban ralentizando. Perdido por aquel desierto de olivos, veo un hombre bajo uno de ellos.

—¿Qué hace usted por aquí? buen hombre.

Me pregunto el señor.

—Estaba buscando una chica que se llama Pili que es de las Albuñuelas.

—¿Qué es una chica rubia?

Con la sonrisa entre sus labios me preguntó.

—Si.

—¿Escuchas ese sonido?

—¿Cuál?

—Observa.

—Vale, sí, sí que lo escucho. ¿Qué ruido es ese?

—Son el ruido de las varas golpeando los olivos.

—Muy bien, pues voy hacia haya. Gracias señor.

Atraído por el ruido como por un imán, los decibelios iban en aumento, señal inequívoca de que me estaba acercando. Según estaba llegando podía ver como los árboles se movían agitados por las numerosas varas que entre chasquidos no cesaban de golpearles, pero todavía no con la proximidad suficiente para ver personas, hasta que ya una vez localizadas me acerco a una de ellas que se encontraba debajo de uno de los árboles con una de las cuadrillas. Señora a la que preguntaba mientras llovían aceitunas negras sobre nuestras cabezas.

—Hola señora, ¿usted conoce a una chica que se llama Pili, rubia que es de las Albuñuelas?

—Sí, soy su madre.

Dios, trágame tierra.

Alzó la voz para decir a las otras cuadrillas que buscaran a su hija, que había un chico que estaba preguntando por ella.

—Mientras esperas, si quieres coge esa Bara del suelo y nos ayudas.

Me agarré a la Bara como a un salvavidas, para no hundirme en ese mar de aceitunas en el que me estaba ahogando de vergüenza.

Golpeaba una y otra vez, caían pocas aceitunas, pero me servia de terapia para poder ir desahogándome de la situación por la que estaba pasando y de lo incómodo que estaba resultando para los que estaban presenciando tal escena.

Cuando miraba sus caras, veía dibujadas una sonrisa que mostraban su solidaridad y que me daban los ánimos suficientes para seguir.

—Ya viene por allí. Ves para Allá.

Me dijo la que se convertiría un día en mi suegra.

Sin ver a nadie que conociera, me paro en otro de los olivos, en donde se encuentran unos chicos jóvenes vareando.

—Hola, ¿quién eres, el que busca a la Pili?

—Si.

—Espérate un poco que ya viene de camino.

Realmente no estaba viniendo, supongo que resistiéndose, como es lógico, a ser la protagonista con el papel estelar de la historia que le había reservado para ella.

Mientras esperaba y seguía desahogándome en este nuevo olivo, veo dos chicos, de mi edad, fuertes, uno moreno y otro rubio, de grandes ojos azules que relucían entre sus caras manchadas del tizne negro del que sueltan las aceitunas.

—¿Conocéis a la Pili?

—Sí, claro, somos sus hermanos.

Entre risas y bajo la lluvia de aceitunas seguimos vareando a la espera de si llegaba el momento.

—Mira esa es mi hermana.

Alzo mi mirada, y veo terrones de tierra inclinada hacia arriba, con el fondo azul del cielo, que dejaban ver una pasarela por la que desfilaba esta chica acompañada de su amiga Maribel. Con un pañuelo recogiendo su pelo y sus prendas manchadas, no estaba ofreciendo sus mejores galas.

Resignada y superada por el momento.

—Hola, ¿quién eres el primo de Bernardo?

—Hola, sí.

—Vale, sí que nos presentaron ayer.

—Eso es.

Iniciamos un corto paseo.

—Perdona que te haya hecho esto, pero es que ayer no me dio tiempo a conocerte más y me gustaría el poder hacerlo.

—Bueno, pues ya nos veremos otro día.

—Lo que pasa es que yo vivo en Barcelona y mañana marcho de vuelta y no vuelvo hasta el verano.

—Bueno dame tu teléfono

—Toma, es este. ¿Me das el tuyo?

—Nosotros no tenemos todavía teléfono y hay muy pocos en el Pueblo. Cuando quieras hablar conmigo, me escribe una carta, y yo lo haré desde la cabina. Un día de estos te llamo y hablamos un poco más.

Así lo hicimos.

Me llamó a los pocos días y entablamos conversación.

—¿Cómo, se te ocurrió venir hasta allí?

—Mira, tuve una corazonada.

—Pues menudo cachondeo hay conmigo en el pueblo.

—Je je, que bueno.

—¿Cuándo vienes de nuevo?

—Pues para el verano.

—¿No vienes para la Semana Santa?

—En principio no, pero si hay que ir se va.

—Jeje. Vente y nos vemos unos días.

—Vale, lo intentaré.

—Con la premura de los pocos días que tenía de fiesta, no podía perder el tiempo, así que sólo salir del turno de tarde, emprendo rumbo a las Albuñuelas. Una cena rápida y sobre las 12 de la noche ya estoy rodando por la autopista. El poco tráfico que había me permitía ir con las largas y por el carril del medio, la aguja del cuenta kilómetros marca 160 km/h, 180 km/h y a veces toca los 200 km/h, que velocidad y que seguridad a la vez, que gozada de conducción. Llegando el amanecer, hago una parada para desayunar por las costas de Almería, ya a tan sólo una hora del destino. Para hacer un poco de tiempo, me recreo en el paisaje marítimo, con mi coche de primer plano. No puedo resistirme y saco la Polaroid de la guantera y comienzo a hacerle un reportaje de fotos, tomando los diferentes ángulos, y siempre con la playa de fondo, consiguiendo unos contrastes espectaculares y dejando ver mi Seat Toledo en todo su esplendor, resplandeciente y brillante, sus curvas perfilan un diseño embaucador. Pocos kms más adelante, siempre con el mismo paisaje de fondo vuelvo a parar, para seguir sacando más fotos.

Sobre las 12h llego a Carchuna, a casa de mi tía Julia para soltar la maleta y ya por la tarde voy al pueblo de la Pili.

Allí me estaba esperando, en el número 14 de la calle Bailen, a donde le hacía llegar mis cartas. Con la puerta abierta y cubierta con una cortina para impedir la entrada de las moscas, como el resto de casas, respirando una gran hospitalidad, aparto la cortina.

—Hola, ¿hay alguien?

—Pasa, pasa,

Escucho decir una voz. Entro al recibidor.

—Hola, soy el amigo de la Pili, el de Barcelona.

—Si ya nos ha dicho que venías. ¿Cómo te ha ido el viaje?

Me preguntaba la que era una de sus tías, Carmelina.

—Pili, baja para abajo que ha venido el chico este de Barcelona.

—Hola.

Me dijo dándome dos besos muy cariñosamente.

—Pasa, y siéntate. Mira te presento a mi padre. ¿Qué quieres tomar?

—Una cerveza.

—Sácale un vasillo de vino mosto que lo pruebe.

Le dijo él.

El padre era alto y de aspecto serio, con cara de haber bregado mucho en la vida, de un gran trabajador que había tenido que luchar mucho para poder sacar su familia de 4 hijos adelante, en un pueblecito en el que para subsistir había que emigrar en las temporadas de la uva en Francia, en las de aceituna por Andalucía, o la de cañas en Motril.

Observándolo frente mío, sentado en el sillón, me parecía a uno de los actores sacado de una de las películas del Oeste Americano, recordándome mucho a uno de ellos, Burt Landcaster.

Aquel hombre desprendía todo eso y más, pero sobre todo honradez, valores por los que yo había luchado toda mi vida.

Así que no íbamos a tardar mucho en entendernos. Y el primer acto ya sirvió para que dejara que su hija saliera conmigo sin mayores preocupaciones.

Salvando todos los controles y filtros de un plumazo, tan difíciles de superar, siendo consciente de que si no hubiera hecho la entrada tan triunfal en el campo de los olivos nunca hubiera podido llegar hasta allí, cogimos mi coche y nos fuimos hasta el pantano de Beznar, buscando un entorno romántico. Allí acabamos de consolidar el inicio de nuestra relación.

Al año siguiente, a los pocos meses me invitan a aceptar unas nuevas condiciones propuesta por la Volkswagen para los mandos intermedios de Seat en Zona Franca. Las perspectivas de futuro para esa planta no eran buenas, aunque si para la de Martorell, en donde se estaba acabando de construir las nuevas y modernas instalaciones para seguir con la fabricación. Las condiciones consistían en un ERE (expediente de regulación) durante 1 año. Mientras nos darían un curso intensivo de 6 meses de duración para reciclarnos.

Tiempo que además aproveché para iniciar la construcción de mi casa.

Capítulo VIII
La obra

Protagonistas:

Promotor: Mateo.

Ayudante de promotor: Federo

El Arquitecto: Melchior

La Constructora: los albañiles Moreno y Joaquín, y los peones: Rasín, Mateo y Federo

Transportistas: Vicenç y Lluis

Instalador: Clemente

Pintor: Manolo

Financiación: Con capital propio e hipoteca inicialmente al 50%.

Ayudas impagables de: Laso como albañil y de Fidel como animador de obra.

Además de todos los entes y empresas colaboradoras.

La distancia que nos separaba a Pili y a mí de más de 800 kms, no nos permitía disfrutar de un noviazgo normal, aunque cada vez que tenía oportunidad, incluso en algún fin de semana presentándome por sorpresa, era capaz de salvarla. Pero había que seguir dando pasos. Le propuse que donde le gustaría vivir en un hipotético futuro no muy lejano entre los dos, ¿en un piso o en una casa? Me comentó que le hacía más ilusión una casa. Pensando que la obra alargaría más el plazo de tener que abandonar a los suyos, sus amigos, su ambiente, su pueblo, sus costumbres, como finalmente sucedió.

Raudo y veloz me puse rápidamente manos a la obra. Encargo unos planos a Melchior, que visualizando el terreno y la idea que yo tenía, consiguió plasmar una gran casa, de 2 plantas, de 200 m2 cada una.

Con la ilusión de tener este gran proyecto entre mis manos, en el siguiente viaje me llevo los planos para enseñárselos a ella y que también comenzara a ilusionarse.

Una vez reunido todo el equipo necesario, *—pastillas de freno —a toda pastilla— salpicadero— empieza mi pesadilla... no puedo parar parar parar.*

Primer día, máquina excavadora para allanar y excavar los cimientos. Mientras tirábamos las cuerdas para marcarlos, entre mi padre y yo, viendo la larga distancia que nos separaba, le decía.

—¿Papa no nos habremos pasado un poco?

—Tranquilo, todo es empezar, luego poco a poco.

Cuando empezamos a reunir maquinaria y materiales, veo que mi padre no tenía la más mínima intención de que usáramos la hormigonera, en sus tiempos lo hacía amasando a mano en la pástela o en el suelo.

—Y tan poco a poco.

Le dije.

Nuestro amigo Laso nos dejó una hormigonera con la que hizo su casa.

Con los cimientos y la plataforma de casa hechas, llegan a descargar los primeros palets de ladrillos, cubriendo toda su superficie.

Con mi padre y yo a pie de obra como peones y a la vez de supervisores, empiezan a elevarse sus paredes.

A los pocos días, viene a visitarnos Fidel, un chico con síndrome de down, vecino que vive en la casa de al lado y del que ya conocimos su interés y afición por las obras, no en vano se había empapado de toda la construcción de la casa en que vivía y que hicieron entre su padre y su tío durante unos años, que también eran albañiles o paletas como le decimos por aquí.

Fidel era de estatura media, corpulento y obeso.

Mientras nosotros estábamos a lo nuestro, él se paseaba por el recinto situándose. De vez en cuando veíamos como se frotaba sus manos y se reía emocionado.

—¿Que pasa Fidel?

—Na, na ,na, nada.

Se expresaba con mucha dificultad.

—¿Y, y, y , tu qué?

—Pues nada, aquí.

—Pues entonces ya está.

Esta frase convertida en su grito de guerra le salía del tirón.

—Fidel trae unos ladrillos.

Fidel no tardaba en reaccionar para coger entre sus brazos una buena columna de ellos. Pero se cansaba mucho y no le permitimos que hiciera nada más, sólo que se dedicara a observarnos y de vez en cuando, al igual a alargarnos alguna herramienta para que se sintiera útil.

—Mateo, ¿qué, que, que, haces?

—Alargando ladrillos.

—¿Y, y, y, y ,y, y, tu padre?

A veces le costaba más arrancar.

—Lo mismo.

—Pues entonces ya está.

—Fidel que te llama tu madre para comer.

—Joe.

—Venga Fidel, que nosotros también vamos a comer, después volvemos.

Los días pasaban y las paredes subiendo, pero la casa era demasiado grande y necesitaba de darle un tirón. Así que fuimos a buscar a nuestro amigo Laso, antiguo operario de mi padre, que enfermó de asma por exceso de inhalación de disolventes, y que años antes habíamos ido a visitar al hospital cuando estaba a punto de morir. Ya más recuperado, fuimos a animarle para que se uniera a nuestro proyecto, sabíamos de lo que le gustaba el trabajo de la albañilería, y conseguimos animarle y motivarle para que accediera a echarnos un mano. Lo hizo desinteresadamente, sin cobrar nada. Sólo teníamos que ir a buscarlo cada mañana y llevarlo, porque no tenía coche, vivía en una de las urbanizaciones, de la zona, y pagarle la cerveza de la que era un gran consumidor, sin llegar a ser un adicto, había que hidratarse.

—Laso necesita dos peones.

Me decía mi padre, cuando lo normal era un peón por paleta.

Efectivamente, Laso también algo obeso, impedido por su enfermedad asmática con movilidad reducida, colocaba la cuerda que hacía de guía, a una altura que daba para seis filas de ladrillo. Moreno el jefe de la constructora y su hijo Rasín y sobrino Joaquín, se lo miraban desde lejos cariacontecidos, cuando lo normal para un albañil era colocar la cuerda a una altura de 3 filas, su sobrino lo hacía de dos y su hijo que estaba de aprendiz de una fila, esperaron pacientemente para ver el resultado. Sin casi poder dar abasto para cubrir la necesidad requerida por el momento, mientras uno iba amasando el otro arrimaba el material. Tapado por la pared de ladrillos que en poco tiempo había levantado, volvía a aparecer para volver a levantar el siguiente tramo.

Moreno que no daba crédito se baja de su andamio para comprobar el resultado. La pared tiesa como una vela.

—Esto no puede ser, nos vamos. Nosotros somos los constructores y responsables de la obra.

—Pero Moreno, entiéndelo hombre, este es un amigo nuestro que nos quiere ayudar, y vosotros estáis bien, os pagamos por horas como habíamos quedado y además tu hijo está aprendiendo el oficio.

Después de unos segundos de reflexión.

—Venga Moreno que os invito a comer en el restaurante.

—No que ya hemos traído los bocadillos.

—Bueno pues mañana no os lo traigáis.

La obra iba tan bien, que todos los días íbamos juntos a comer, la situación lo requería, lo exigía y lo merecía. Creamos un grupo de trabajo cohesionado que crecía como la misma casa.

—Bueno, ya, ya, ya, ya estamos aquí otra vez.

—Hola Fidel.

—¿Este qu, que ,qui, quién es?

—El Laso.

—Ah, pues entonces ya está.

Pasados unos minutos.

—Jo, jo, joe, como corre.

Riéndose, decía.

—¿Quién Fidel?

—E. e, el Laso.

Todos nos reíamos

—Ah sí, has visto que bueno es.

—Ya, ya.

—Mateo, ¿y, y, y, ahora qué?

—Pues ahora toca poner las puertas y las ventanas.

—Ya, ya.

Cada mañana, entrábamos a trabajar a las 8h. y detrás nuestro, Fidel.

Sentado en un banquito, pasaba ratos observando.

—Fidel, ¿de qué te ríes?

Rojo como un tomate y extasiado de la risa, veías recoger del suelo a alguno de nosotros una herramienta que se nos había caído por accidente.

—¿Qué te pasa Fidel?

Serio indicaba a su reloj, mientras alguno de nosotros había parado un momento para hacer algún comentario.

Fidel no tardaría en convertirse en el alma del equipo.

En 6 meses cerramos la primera planta, y luego la segunda, cubriendo aguas con la terminación de la construcción del tejado, lo que se dice la estructura, en que se estima que se ha llegado a la mitad de la obra y del presupuesto. La otra mitad corresponden a los acabados.

Cuando se cubren aguas, existe la costumbre de celebrarlo con un gran banquete.

Incluido en el presupuesto y con ayuda de una pequeña hipoteca que solicité a la Caixa para hacer la última fase, nos reunimos en un restaurante, al que también fueron invitados los 3 altos cargos de Pinturas, el Sr. De Castro y Bonet como gerente y Jefe de Taller respectivamente en la Planta de Martorell que ya estaba iniciando su producción, y a Sabino por el otro como Jefe de Taller en la planta de Zona Franca. Queríamos hacerle participes de nuestra creación, de que vieran lo que habíamos estado haciendo y retomar las relaciones que habían quedado suspendidas por el ERE.

Vinieron a ver la casa, asombrados por la magnitud de la obra, le preguntaba el Sr. De Castro a Sabino.

—¿Cómo han hecho esto?

—Son una familia trabajadora, emprendedora y ahorradora.

Acabando de ver el interior y envueltos en el buen ambiente que nos rodeaba fuimos a celebrarlo todos juntos, llenando una mesa de 9 comensales, ellos 3, mi padre y yo, Laso, Moreno Joaquín y Rasín.

Disfrutamos de la comida, hablamos, conversamos, y hacia el final mi padre amenizaba la mesa arrancándose por soleares y con coplillas flamencas que emocionaba a todos los asistentes, tirando de su arte andaluz. Buscando con su mirada que aquellos que tenían influencia en Seat, no se olvidaran de su hijo, pues la incertidumbre a medida que pasaban los meses iba en aumento. Circulaba el rumor, cuando asistía a las clases del cursillo que nos impartían en la escuela de Seat, que no estaba nada claro los que estábamos en el ERE, que fuéramos a volver a ser readmitidos nuevamente en Seat.

Con esta preocupación y con la confianza que teníamos, a los pocos días nos llamó Sabino para decirnos que si quería volver, la empresa ofrecía un puesto de operario, pero había que renunciar a la categoría de Encargado, conservando el sueldo.

Bueno, entendí que empezaba una etapa nueva, que había que volver a reciclarse aprendiendo los puestos de trabajo y conocer las nuevas instalaciones. No me daba miedo, y además iba a seguir vinculado a esta gran empresa, beneficiándome de sus estructuras sólidas, con trabajo seguro, bien remunerado y cubierto por todos los derechos laborales.

Capítulo IX
La primera caída

De vuelta al trabajo, entro por primera vez por las puertas de Martorell, me presento ante el Sr. De Castro con mi nuevo mono de trabajo.

—Hola Sr. De Castro.

Me dirijo hacia él, extendiendo mi mano.

Extendiéndome la suya, no con mucho ánimo, las estrechamos.

Pocos minutos duró el encuentro, pero suficientes para ver que no estaba siendo bien recibido.

Alejándose de mí, y dirigiéndose de nuevo hacia su mesa, volviéndose de nuevo hacia mí, afirmó.

—Eres un trabajador. Te enviaremos al Taller 4 en donde está el proceso del TTS y masillas que tu ya conocías de la Zona Franca, de este taller el gerente es Bonet, que será el encargado de que aprendas todos los puestos para que luego puedas llevar un grupo, con la categoría de Portavoz y luego ya se verá si puedes llegar a la de

Supervisor que es la equivalente a la que tu tenías de Encargado.

—De acuerdo.

No tarde en aceptar el reto.

Lo que me encuentro al llegar a la nueva zona de trabajo, el GAD, es a los que iban a ser mis compañeros, antiguos operarios míos y los chicos jóvenes que estaban gestionando la línea.

El Supervisor se presentó.

—Hola Mateo, me ha dicho Bonet que vienes aquí con nosotros.

El chico con su pendiente en la oreja, me chocaba, por la poca seriedad que transmitía. Sin embargo en pocos días acepté que estaba ante una gran cambio, había pasado de unas instalaciones arcaicas, rudimentarias y antiguas, como eran las de Zona Franca, a estas otras construida con las nuevas tecnologías, lo que les hacía distanciarse en el tiempo en medio siglo.

Ante la realidad del momento había que adaptarse a los nuevos tiempos. Abierto como una esponja, me ponen a trabajar en el primer puesto de la línea.

—Me ha dicho Bonet que te enseñe todos los puestos de la línea. Este es el primero. ¿Ya sabes de qué va no?

—Si poner los tapones en el piso.

Al levantar la cabeza después de hacer las primeras carrocerías, encuentro a uno de los que había sido mis operarios.

—Hombre, Manuel que haces por aquí.

—¿Y tú?

Esa corta contestación, estaba llena de contenido.

En un corto paréntesis de silencio, me dio tiempo de llegar a pensar, ¡es verdad, que es lo que hago yo aquí!, ¡si tenía que empezar de cero, porque no me pusieron en otro lugar donde no tuviera que pasar yo y hacer pasar a los demás por este mal trago!

Pasado los primeros días, y viendo que no me movían de puesto, ya más que aprendido, le comento al Supervisor, que el puesto ya estaba aprendido y que cuando le fuera bien ya me podía cambiar.

—Vale hoy te vas a poner en el otro lado.

—Pero si es lo mismo.

—Bueno, siempre cambia algo, las posturas por ejemplo.

—Vale como quieras.

Pasado otros cuantos días y viendo que no estaba por seguir con el protocolo establecido. Me fui a ver a Bonet para ponérselo en su conocimiento.

—Tranquilo vuelve para el taller, que ya hablaré con él.

Me volvió a cambiar de sitio y allí me perpetué durante unos meses.

Asumí mi nuevo rol. Estaba siendo un intruso, con una amenaza directa para los chicos que gestionaban la línea, para los que aspiraban a cubrir esos puestos en un futuro, y siendo repudiado por algunos de mis antiguos operarios. Sólo me quedaba acachar la cabeza y aceptar el nuevo bullying, ahora laboral. Experto en moverme por esas aguas pasaron los días en un sólo puesto, cuando llegada la hora de la pausa, prefería salir al exterior del taller, aún pasando frío, que tener que soportar escenas como el ver levantarse a alguno de los compañeros de una de las mesas del área de descanso, si yo me sentaba en ella y quería entablar algo de conversación.

Por otro lado, a mi padre le quedaban 4 años más para llegar a su jubilación, y necesitaba seguir cotizando. Pidió el favor de que le dejaran entrar por una de las empresas proveedoras de Seat. Se lo hicieron, le contrataron en la que se dedicaba a realizar las tareas de limpieza técnica, con la categoría de peón. No me gustaba verlo tener que acabar así sus años de vida laboral, había trabajado mucho y duro para ayudar a crecer a esta empresa, como tantos de sus trabajadores que pasaron o que están en ella. Merecía haber tenido una salida más digna. Además con el componente de verme a mi relegado, y olvidado.

Duró 4 meses, sicológicamente era muy duro para él.

Eso sí le pidió a sus amigos, que me hicieran un cambio de puesto para que estuviera algo mejor.

Me pasaron a un puesto aislado, en donde entraban las carrocerías que llegaban de chapistería, había que revisarlas de que los útiles que llevaban en los elementos móviles de puertas, portón y capó, estuvieran bien colocados y no hubiera peligro de que se soltaran en los baños TTS y KTL, en donde alguna vez se habían producido enganchones que habían parado la producción más de lo que dura un turno.

Mi responsable o portavoz era el Sr. David, si aquel chico que quedó resabiado por creer que le había arrebatado sus posibilidades de ascenso. Los primeros meses transcurrieron con una actitud despechada hacia mí, que primero, no tuve más remedio que asumir, pensé que ya se le iría pasando con el tiempo, como así fue, y por otro lado acepté resignadamente la parte de culpa que pudiera tener yo por existir.

Allí pasé una larga temporada. Luego por falta de personal me ubicaban en los diferentes puestos, que aprendía rápidamente, para poder cubrirlos. La competencia era feroz, en trabajos que se desdoblaban en paralelo y eran idénticos para el compañero que tenías al lado, a cada coche que pasaba, había una lucha por ver quién acababa antes y lo hacía mejor, mientras desde el otro lado de la línea, siempre había algún gracioso, en este caso una graciosa que te recordaba tu situación cantando canciones como —manolete si no sabes torear para que te metes—, la miraba, sin conseguir cruzar su mirada, para poco después escuchar otra —María de la O, que desgraciaita tu eres queriéndolo to, te quieres reír y hasta los ojitos los tienes morados de tanto sufrir.

Mientras yo me aplicaba mi propia canción *—pastillas de freno— a toda pastilla —salpicadero— empieza mi pesadilla... no puedo parar parar parar.*

Al finalizar el turno, nos dirigíamos hacia los vestuarios atravesando un largo pasillo, giraba mi cabeza y veía a esos trabajadores con los brazos colgando sin poder mantener su propio peso, extasiados después de una dura jornada. Yo fatigado también con ganas de seguir esa lucha y demostrarles que las persona están por encima de cualquier posición o cargo que puedan ocupar en la vida, nadie me había regalado nada y nadie me quitaría lo más preciado de un trabajador, su dignidad.

Con mi cabeza bien alta, pude ver un día a uno de los delegados sindicales que conocía de Zona Franca, Arsenio, íntimo amigo de Sabino, y me preguntó.

—¿Qué haces por aquí?

—Mira trabajando.

—¿Pero cómo que trabajando? Si todos los colegas tuyos que promocionaron en Zona Franca, ya están reubicados ocupando plazas de mando.

—Mira pues yo ya llevo 6 años deambulando por aquí.

—Esto no puede ser. Espérate unos días, que hablaré con Sabino para buscarte algo.

En estos años desde luego no me había hundido para nada, al contrario salí reforzado, estuve dedicado a terminar mi casa y construir una familia. Contraje matrimonio con mi novia, la que hoy es mi mujer, Pilar, y tuve dos hermosas niñas, Joana y Alba. Vivíamos felices en nuestra pequeña mansión, y alternaba el trabajo con la conciliación familiar. Esa gran satisfacción que sentía, nadie me la podía truncar. Siendo la mejor medicina para combatir las miserias humanas, sólo hacía que transmitir un buen rollo. En ese ambiente que yo conseguía generar en mi entorno, se empezaban a acercar algunos compañeros para conocerme un poco más. Aunque ya quizás un poco tarde, porque tuve la gran suerte, o no, de que Arsenio consiguió encontrarme un nuevo puesto de trabajo en el departamento de Laboratorio de Pinturas, en donde trabajaba él. Con la colaboración del Sabino y la aceptación del Sr. De Castro. Aunque no estuvo nada fácil por lo delicado del perfil que se necesitaba para cubrir ese puesto, había que ser titulado químico, y yo lo era en la rama administrativa, si bien pensaron que con mi experiencia y algo de ayuda, sabiendo también de mi dedicación por todos los retos anteriores a los que me había enfrentado, podría cubrirlo sin mayores problemas.

Estuve dos meses formándome en todos los apartados técnicos referentes a los diferentes substratos que lleva la carrocería y los aparatos de medición, de precisión, para tener los datos necesarios con los que poder emitir los correspondiente informes después de realizar seguimientos, con el fin de impartir las directrices de los parámetros de funcionamiento en el taller. Era un trabajo técnico, que venía a completar la experiencia sobre la labor del campo de la pintura que ya tenía. El puesto en concreto era el de Analista de Línea.

Empecé a rodar en el turno de noche, acompañado por los asistentes de cada proveedor que suministraba la pintura.

En mi primera intervención, me avisan desde cabinas de pintura de que el color Gris Marengo está saliendo con unos pulverizados de pintura y unos pequeños microporos de evaporación, y el Supervisor nos pide aditivar el producto con un disolvente para humedecer el color.

—Félix, ¿qué se puede hacer?

Le pregunto al proveedor.

—El color ya está saturado de anteriores cargas de disolvente que le hemos echado. Lo mejor sería tomar espesores para ver si se le puede subir caudal de pintura a la máquina y así obtener más micras.

El Supervisor insistía en que hiciéramos la acción que nos proponía. Le respondí que no autorizaba a hacer algo al Proveedor que iba en contra de su criterio profesional.

—Pues que sepas Frías que pondré en el libro del parte diario que no has querido colaborar.

Mencionándome por el apellido con el que me conocían.

—De acuerdo, yo también pondré mi opinión.

Al día siguiente fui felicitado por mi jefe, Marcial.

A la noche siguiente, toca tomar espesores del Rojo Emoción. Con la ayuda del proveedor, me pongo manos a la obra, apartamos una carrocería para tomar los 98 puntos de un mapeado repartido por toda su extensión, colocando unas plantillas desgastadas de papel de rafia, por cierto, aquel mismo papel, que de joven, usábamos con la empresa de limpieza en las instalaciones de Zona Franca, con mi amigo Constancio: ya habían pasado más de 10 años de todo aquello. De vuelta a las plantillas; estaban perforadas con orificios que facilitaba el medir esos puntos, de forma que al pasarla a pintar del sustrato o capa de pintura deseada, se volvía a medir para luego descargando todos las mediciones acumuladas en el micrómetro, calculando la diferencia, obtener los resultados del espesor. La información era requerida por el Supervisor que quería conocer el resultado, pero sobre todo esperaba que fueran óptimos para confirmar que estaba pintando en buenas condiciones y entregar buenos resultados a sus superiores, Jefes de Producción. Pero estos primeros resultados que arrojaba el ordenador, no eran los deseados, así que me invitó a que modificara los datos, yo no podía acceder de ninguna de las maneras, y lo único que le pude proponer, era de repetir las mediciones, asumiendo que al llevar tan poco tiempo en el Laboratorio, podía haber fallado algo en todo el proceso que se requería para hacer la toma de mediciones. Desistió que volviera a repetirlas, era tarde, estaba finalizando el turno y ya le había ofrecido su cuartada en bandeja. Este señor fue ascendiendo hasta ser hoy día uno de los Gerentes de los Talleres de Montaje.

Mientras, yo seguía trabajando a diario para formarme y profesionalizarme en uno de los trabajos más chulos que se me podían haber encomendado, ya que después de toda la experiencia acumulada en los años anteriores, siempre en el taller de Pinturas, conociendo desde su base, todas las instalaciones, el proceso, sus tareas y la gestión, lo que le vengo a llamar como la labor en el campo del pintado de coches, ahora tenía la posibilidad de aprender su tecnología sobre el tratamiento de la superficie, abarcando un extenso, amplio y total conocimiento.

Así que tenía que aprovechar esta nueva oportunidad, *—pastillas de freno— a toda pastilla*

—salpicadero —empieza mi pesadilla... no puedo parar parar.

No iba a resultarme nada fácil, puesto que lo que me rodeaba, por un lado, eran personas bien preparadas, con estudios universitarios, la mayoría, pero por otro al total servicio de los Jefes de Producción, los cuales utilizaban al personal del Laboratorio como meros títeres a su disposición.

Si quería continuar con mi camino, de completar el aprendizaje, y mantener mi dignidad no me quedaba otra que romper una lanza a favor de cambiar desde mi persona ese mal funcionamiento.

El primer turno de tarde que realicé, a la hora del solape con uno de mis compañeros, mientras estaba terminando de escribir el libro del parte diario.

—Buenas noches.

—Hola buenas noches.

—Frías, lo que pusiste ayer en el libro, referente al color Gris Marengo, no lo comparto.

—¿Por qué?

—Hombre tu venias de estar en Producción, no entiendo cómo te posicionas a favor del Proveedor.

—Mira, escucha bien lo que te voy a decir. Ahora estoy en este nuevo departamento de Laboratorio y dispongo de información suficiente y no toda por desgracia, para poder decir que el color está bien. Eso no es ir en contra de Producción. Eso es querer arreglar las cosas.

Cuando teníamos dudas sobre el estado del color y de la aplicación, nos apoyábamos en las mediciones de espesor de capa. Como comentaba antes lo hacíamos con unas plantillas de papel rígido plastificado, con unos orificios situados en los puntos a medir. Los primeros días, las mediciones seguían sin ser uniformes y a la hora del volcado, había resultados de incluso valores negativos. Imposible de aceptar, tenía que descubrir lo que pasaba. Mientras los otros dos compañeros de turno seguían presentando sus hojas bastante presentables. Después de multitud de pruebas a nivel particular, perdiendo horas y horas, no paraba tan si quiera a comer el bocadillo o en las pausas, horas intensas, en las que además tenía que cubrir otras tareas, mediciones con los diferentes aparatos, como el Wave Scan para estructura, o el X-rite para el tono, pruebas de seguimiento de colores que se habían aditivado o modificado la aplicación para corregir pequeños defectos superficiales. Por fin conseguí llegar a la solución del porque se estaban produciendo estos errores o grandes desfases en las mediciones.

Resultaba que cuando medíamos en un punto el sustrato para luego volver a medir la capa de la que queríamos conocer su espesor, tomando ese mismo punto, sucedía que si no se tomaba con la mayor exactitud posible se producía ese desfase. Las plantillas que utilizábamos, desgastadas y poco precisas sobre la pieza no permitían esa precisión. Así que construí unas nuevas del mismo material, pero con la mayor reproducción de la pieza posible, de tal forma que cuando se colocara para la primera toma, coincidieran los mismos puntos para la segunda. Los resultado ya tenían sentido, había muchas irregularidades de espesor, pero por zonas y no por puntos cercanos tan ilógicos. Sobre esos datos, se hacían correcciones en las máquinas de pintar para conseguir la aplicación uniforme y deseada. Se volvía a pasar una carrocería y observábamos como los puntos que no se habían modificado en su aplicación permanecían inamovibles y los otros aumentaban o bajaban según el caso.

Mi Jefe, Marcial, una gran persona, me felicitó de parte suya y de los Jefes de Producción, y me pidió que fabricara más plantillas de esas para los diferentes modelos. De esta forma quedó instalado un proceso fiable que permitía trabajar acertadamente con los colores y la aplicación, ahorrando numerosos costes tanto a Proveedores como a Seat.

Mi trayectoria no podía ir mejor, pero me faltaba algo. Yo veía a mis compañeros del Laboratorio, en su mayoría licenciados universitarios, con un nivel cultural que me superaba, yo me defendía en el terreno laboral, pero en el trato directo faltaban cosas. Así que me puse a estudiar por la UNED (Universidad de Educación a Distancia), la carrera de Ingeniería Superior Industrial, que era la que tocaba todos los campos sobre los que yo había trabajado. Cargada de números, cuando a mi lo que se me daba bien eran las letras. Tuve que hacer un gran sobreesfuerzo para primero aprobar el curso de acceso a la universidad y luego completar el 1° curso completo de la carrera. El estudiar a distancia, significaba tener pocos apuntes y herramientas de aprendizaje, por lo que cada asignatura se convertía en una verdadera tesis doctoral, sumado a la poca o poquísima base de estudios con la que me presentaba a la carrera, significó toda una proeza, que por falta de tiempo y ya algo tarde no pude continuar. Pero me sirvió para lo que realmente quería, que era coger un nivel universitario que acompañado de la experiencia me iba a dejar moverme y expresarme con mayor libertad.

Bien ubicado en mi puesto de Analista de Línea, me movía por todas las instalaciones con una gran seguridad, los desplazamientos, a veces de gran recorrido para llegar al otro lado del taller, no eran en vano, estaba en el sitio justo, en el momento apropiado para que poco se me escapara. Uno de los mayores problemas que podía surgir en el Taller de Pinturas eran los poros o cráteres que salían sobre la superficie pintada de la carrocería. Esto podía producirse por algún agente contaminante que estuviera incorporado en el producto o por algún agente exterior. Llegar a encontrar el motivo resultaba difícil. Lo primero que se probaba era cambiar la pintura, si quedaba resuelto perfecto, problema solucionado, pero cuando no era así, como sucedía la mayoría de veces, había que buscar en qué lugar de las kilométricas instalaciones se producía, y luego saber el motivo, para corregirlo. Se orquestaban multitud de pruebas y seguimientos que había que seguir con la máxima dedicación, observando el mínimo detalle para que no se escapara nada. Hacíamos exposición de probetas de chapa en los lugares que pensábamos que podían tener riesgo de contaminación para luego pintarlas e intentar reproducir el defecto de los cráteres. Se perdían días para llegar a la raíz, mientras se rechazaban carrocerías, y había pérdidas considerables de producción. Definir en qué capa se producía el poro era muy importante, porque te permitía acortar el tramo sobre el que seguir trabajando para descubrir el problema, esto requería de una gran suspicacia y meticulosidad, porque lo que a veces parecía una cosa podía acabar siendo otra, lo que lo convertía en un trabajo casi científico, y apasionante. Los Jefes de Producción pedían al Proveedor que fabricaran nuevas cantidades de pintura cambiando sus propiedades químicas para intentar solucionarlo de esa manera. Hacían nuevas partidas para probar, o adiciones en las que había, pero aunque la intención de colaborar era meritoria, pues ellos mismos sabían de su dificultad, nunca negaban su colaboración, a expensas del sobrecoste económico que les suponía, pero ellos siempre querían estar bien posicionados ante su cliente, ya que competían con otros proveedores. Mientras pasaban los días, el cerco se iba acortando, yo con mi ímpetu de llegar a la solución, tenía por otro lado que luchar contra la adversidad de que estaba trabajando sólo por mi cuenta, los días pasaban, y las actuaciones diversas de cada departamento hacía que todo fuera un batiburrillo de informaciones confusas que dispersaban la posibilidad de cualquier solución, sin embargo yo seguía con la fe del que está a punto de llegar al origen de los males.

—Vizuete. Apártame una carrocería de las que te salgan imprimadas del Horno, que tenga poros.

Le dije al portavoz de línea.

Visualizo uno de los poros y comienzo a lijar sobre la capa, primero con lija más abrasiva para rebajar la capa de imprimación, y luego con otra más fina para no perder el poro de vista.

Poco a poco me repetía, todavía lo tienes ahí, poco a poco, poco a..., ostras. Empiezo a ver como el color azul de la superficie que estaba lijando empieza a difuminarse hasta desaparecer y dejar paso a la capa inferior de ktl, de color beige, con tal contraste veo como queda un punto en el centro del poro de color azul, lo que estaba indicando que había quedado relleno por la capa de imprimación y por tanto el cráter procedía de la capa de ktl.

Había que empezar a ver carrocerías que vinieran pintadas de esa capa antes de que entraran a pintarse de imprimación. Una, nada, otra, nada, esta parece llevar uno, cuesta de verlo, pero si parece que es uno.

—Vizuete, tengo que marcar esta carrocería para luego poder analizarla y ver si el poro que he visto se reproduce cuando se haya pintado de imprimación.

—Vale, de acuerdo, ningún problema.

—Mateo ya la tienes ahí.

—Ok.

Eureka. Ahí está el poro.

Conclusión los cráteres vienen incorporados en la capa de ktl.

Ahora ahí que transmitirlo.

—Marcial, acabo de encontrar donde se están produciendo esos malditos poros.

—Que estás diciendo. ¿Donde?

—En la capa de ktl.

—Tú sabes el tiempo que llevamos trabajando con pruebas del Proveedor cambiando la pintura y trabajando exclusivamente con la Imprimación.

—Si Marcial, pero los poros están en la capa de ktl.

—No te creo.

—Ven y te lo enseñaré.

—Tengo que ir a la reunión y no me da tiempo. Luego me lo enseñas.

Al poco rato me llama uno de los Jefes de Producción.

—Oye, que dice tu jefe que le has dicho que los poros están en la ktl.

—Sí, tengo aquí una carrocería apartada para que lo podáis ver y demostrarlo.

—Venga hombre, me vas a hacer perder el tiempo.

—Como quieras.

—Dile a Vizuete de parte mía que lije esa carrocería, la recupere y la pase a pintar. Venga hasta luego, que cachondo

—De acuerdo.

Llegada la hora de escribir el parte diario, lo reflejo en el libro. Comento la prueba realizada y detallo que para solucionar el problema tendrán que tirar toda la pintura que se encuentra en la balsa de Ktl, que era donde se pintaba el coche por inmersión y hacer un lavado y enjuague de su instalación, porque por el motivo que fuera toda esa zona se había contaminado.

Mientras al día siguiente, cuando me incorporaba de nuevo al turno, veía como mis compañeros habían seguido trabajando con más pruebas relacionadas con la pintura de la Imprimación.

Yo por supuesto seguía insistiendo cada día en lo mismo, lo que hacía que mis tareas sobre ese tema ya estuvieran cerradas por mi parte.

El jefe de Producción me llama para decirme.

—Mateo te hemos apartado una corrocería, para hacer una prueba.

—Dime.

—Mira, la vamos a limpiar muy bien la capa de ktl con Heptano y luego la pasaremos a pintar de Imprimación.

—Como quieras, pero ya te dije que los poros cuando salen vienen de la capa de ktl.

—Ya, sí, sí, pero vamos a hacer esta prueba.

—Ok.

En la carrocería apartada tenía que encontrar algún poro como fuera, sino, pensaría que el problema se podría solucionar limpiando con Heptano la carrocería.

Ostras, verás tu como esta no lleva nada. Efectivamente, lo sabía. Tengo que encontrar uno como sea.

—Mateo, ¿cómo va la prueba?

—Estoy a punto de pasarla.

—¿Pero todavía no la has pasado a pintar? Me están esperando para que le de los resultados.

—Tranquilo que antes de que acabe el turno los tendremos.

—Que dices el turno, si lo necesito para la reunión dentro de 1 hora.

—Vale, lo tendrás.

—Espero que sea así.

Lo tenía complicado. Echaré un último vistazo, me dije. La aparición ante mis ojos de uno de esos poros me hizo sentir la presencia de mi santo favorito, San Cayetano.

—Pastor. Dentro de media hora tendré la carrocería ya pintada.

—Vale, avísame cuando la tengas y saldré de la reunión, me corre mucha prisa esa información.

—Ok.

—Ya la tengo aquí.

—Ahora mismo subo.

—¿Qué, ha salido bien?

—Mira aquí hay un poro.

—Claro no la habrás limpiado bien.

—Ese poro estaba antes de entrar a pintarse.

—Venga ya.

—¿Te lo demuestro?

—Si hombre he salido de la reunión, no tengo tiempo.

—Será sólo un par de minutos.

—Venga rápido.

Comienzo a lijar con toda la prisa que exigía la situación a riesgo de que me cargara la prueba.

—¿Qué haces?

—Lijando el poro.

—Pero si lo lijas lo vas a hacer desaparecer.

—Igual no.

—Venga hombre que me vas a hacer que se pase la reunión.

—Ya está casi.

—Claro ya te lo has cargado, ya no hay poro.

—¿Y eso que es?

—¿El qué?

—Esa mancha azul que cubre el cráter de la ktl.

Lo vio tan claro, que sin mediar palabra se volvió corriendo a la reunión.

Durante el fin de semana, con la producción parada, hicieron las maniobras que les propuse desde el inicio y tema solucionado.

El reconocimiento se convertía en un arma arrojadiza contra mí para todos aquellos que apostaron por otras vías de solución desafortunadas, pero con las que querían imponerse para ensalzar los méritos contraídos, para justificar sus cargos, o en otros casos para promocionar y reforzar sus egos, en mi caso desde la más absoluta discreción, para darme un baño de autoestima.

Esto me dio confianza suficiente para pedir el favor a mi padrino Sabino que ayudara a mi mujer para entrar a trabajar dentro de Seat. Él ya la conocía, puesto que asistió a nuestra boda en Granada. Y poco después también conseguimos que pudiera incorporarse mi hermana, en un momento difícil, porque no era época de ingresos y por la edad algo avanzada que tenía.

Así, nuestras vidas transcurrían placidas, con la seguridad de tener un buen trabajo, bien remunerado y seguro, lo que nos permitía avanzar en las terminaciones de nuestra gran casa, o pequeña mansión, y realizar algunas inversiones rentables, como fue la compra de un piso en Granada, que compramos hipotecado al 100%

con el aval de nuestras nóminas, que pusimos pronto en alquiler para con el ingreso poder pagar el préstamo y que a la vuelta de unos años como así fue, revalorizáramos su valor. Esto nos permitió saldar la deuda que teníamos contraída por los gastos que originaba nuestra casa. Y otra nueva inversión en un piso que compramos en Castellbisbal, que tuvo el mismo recorrido que el anterior, fue el que nos permitió finalizar la obra.

Llegaba la hora de la celebración conjunta del bautizo y comunión de mis dos hijas. Dispusimos de celebrarlo, donde mejor que en nuestra propia casa, para ello había que terminar de enlosar el patio exterior, donde teníamos pensado hacer el banquete, alquilando un catering, amenizado con unos payasos. Tan sólo quedaban 10 días para la fecha y el albañil que a fines de semana nos iba acabando la obra, no disponía de esos días para poder hacer el patio de 250 m2. Así que con todo el material disponible y con la ayuda de mi suegro que vino desde Granada esos días antes para estar con sus nietas, me puse el traje de albañil.

—Plácido, dime como tengo que empezar.

Plácido era el paleta que nos estaba terminando la obra a fines de semana, amigo de mi padre, que también le hizo la suya y compañero de Seat.

—Primero tienes que tirar una cuerda de punta a punta para seguir la línea recta. Luego una capa ligera de pasta y vas colocando losas golpeando con el mango de la maza hasta nivelar.

—Vale.

Mientras él estaba con mi padre en la parte de delante acabando de enlosar alrededor de la piscina.

Y yo con mi suegro en la parte de detrás.

—Plácido, ven a ver qué te parece como queda.

—Bien, así vas bien.

Pues nada, otra fila, y otra, otro día y otro.

Ahora borada para rellenar las juntas, limpiar y se acabó.

Al día siguiente llegaban todos los familiares cercanos de Pili, hermanos, primos y tíos, venidos desde Granada a Barcelona en coche, para acompañarnos durante ese fin de semana. Llenaron toda la casa, había sitio para todos. La piscina que estaba recién inaugurada, aún siendo 1 de Mayo, no pudieron resistirse a zambullirse en ella. Era un jolgorio constante. Corrían las ganas de divertirse, de disfrutar y ser felices. Y por mi parte el orgullo de haber sido partícipe y de estar rodeado de una gran familia.

Pero como las alegrías que son fruto de una culminación, no pueden durar mucho, sólo ese momento. Por eso luego viene la realidad del día a día, la normalidad de las cosas, lo cotidiano, la apertura de nuevos caminos para recorrer, con el fin de volver a luchar para recorrerlos con la esperanza de llegar a la culminación y a esos estados de satisfacción y felicidad indescriptibles, de cuando has alcanzado el final, cuando has llegado a la meta. Esa meta que veías tan lejos, pero que con voluntad, tesón, y fe, hacen que los recorras sin saber cómo ni cuando llegarás, esa fe que te da las fuerzas suficientes para en su andadura descubrir experiencias que cuando desfalleces, se convierten en refuerzos que te hacen de avituallamiento y que te acompañan en volandas hasta la meta.

Capítulo X
La decadencia

Este nuevo camino y que aún a día de hoy dura, por lo que se ha convertido en el más largo de mi vida, empieza con el despido de mi hermana, ejecutado por el departamento de Recurso Humanos de Seat. Tras sufrir un accidente laboral, y después de unos meses de baja, la empresa decidió contratar los servicios de una empresa de detectives privados para poder demostrar que mi hermana estaba fingiendo una baja. Una vez llegado a juicio, mi hermana pudo demostrar con documentación y testigos la falsedad de los hechos argumentados por la empresa para ser despedida. Con la suerte de que la resolución fue favorable para su ingreso de nuevo al trabajo, tras una sentencia de nulidad.

Esto hizo temblar los cimientos de Seat, que hasta la fecha, no había sido castigada de tal manera.

El presidente del comité de empresa, que por aquellas fechas, había ido a testificar a favor de mi hermana, fue llamado por la dirección, para ser sometido a una reprimenda, como le comentó personalmente a mi hermana, diciéndole, de ¿cómo había osado a ofrecerse de testigo para ir en contra de la empresa? él como representante de los trabajadores, no podía responderle otra cosa que la de:

—Pues por que yo estoy aquí para proteger y defender los derechos de los trabajadores. Y con Mari Blanca os habéis pasado, se os ha ido la mano.

La empresa recurrió. Y mi hermana de vuelta al trabajo, observó perpleja como la misma plancha doblada que cubría uno de los pozos de las instalaciones de pintura, y en donde se había doblado el pie, seguía sin ser reparada o sustituida por otra. En un auténtico forcejeo con la empresa, y en todo momento alentada por mí para que llegara hasta el final, se fue a denunciar el caso a Magistratura. Al día siguiente se presentó en las puertas de Seat un Inspector de Trabajo para ver in situ el puesto. Acompañado en todo momento por mi hermana, pudo tomar nota para realizar el correspondiente informe. El mobing al que fue sometida mi hermana durante el tiempo que tardó en salir la nueva sentencia, fue el de buscarle los puesto de trabajo donde se sintiera peor. Por suerte para ella la nueva sentencia fue favorable a la empresa con un menor castigo, que le obligaba a indemnizarle pero con la posibilidad de poder despedirla y desprenderse de ella.

El daño que me produjo en lo más hondo de mi corazón no podía describirlo, lo que hicieron con mi hermana no tenía nombre.

Pero es que en los días sucesivos comencé a observar un ambiente diferente hacía mi, como de esperar un posicionamiento por mi parte con el caso de mi hermana. Yo por supuesto evitaba hablar de ello y no mezclar el asunto con el trabajo, si bien no podía disimular mi penar. Yo como siempre era fiel a mi trabajo, pero observaba como poco a poco me iban apartando, me daban menos tareas, en las reuniones de principio de turno a donde asistíamos Producción, Proveedores y Laboratorio, decidieron suspenderlas en mi turno para Proveedores y Laboratorio, para días más tarde dejar retornar a los Proveedores dejándome excluido a mi exclusivamente, en un acto claro de Mobing. Lo puse rápidamente en conocimiento de mi jefe, que me respondió, nosotros no podemos hacer nada, tú sigue haciendo las tareas que yo te encomiende. Y así lo hice, lo que pasa que esas tareas cada vez eran menos. Mi situación de desespero iba en aumento y las pocas conversaciones que podía intercambiar con los Jefes de Producción y Laboratorio eran en un tono de crispación que acabó por apartarme totalmente de mis funciones. Me dejaron a mi libre albedrío, deambulando por el taller como una verdadera alma en pena. Sólo con la conexión propia que me daba mi ADN de Seat, que era velar por el buen funcionamiento de la producción, sin que para ello se pudiera interponer nada. Yo lo reflejaba todo diariamente el en libro y hacía lo que en conciencia pensaba que debía hacer. Pero las jornadas se me hacía eternas, con mucho tiempo para pensar, aburrirme, e incluso dejar caer alguna cabezada.

Meses después, Seat presenta el famoso ERE del 2005 para 660 trabajadores, que significaba un despido encubierto de todo el personal que no le era productivo o de su agrado. Conformando las listas, mujeres embrazadas, mujeres con reducción de jornada, personal disminuido y resto de personal non grato.

En esas listas apareció mi mujer, que hacia la reducción de jornada por el cuidado de niños menores de 6 años, en aquella fecha, según una ley de conciliación familiar.

Cuando vi que ella figuraba en una de esas listas, enloquecí, corriendo por el taller y gritando en un primer estallido "HIJOS DE PUTA", lloraba y seguía gritando "hijos de puta". Las puertas del taller bunquerizado de Pintura se abrían para dar paso a una masa de trabajadores que ya venía manifestándose por los diferentes talleres de Chapa y Montaje, y a los que me quise sumar invitándoles a recorrer las instalaciones de Pintura conmigo, pero siguieron su paso firme hacia otros talleres, no había mucho tiempo de visita. Yo sólo quería que me acompañaran al grito unísono de "hijos de puta" para que llegara por todos los rincones de las instalaciones que tanto me estaban haciendo sufrir y padecer.

Las demandas colectiva e individuales no tardaron en llegar, en unos casos a favor del trabajador y en otros casos en contra, como fue el caso de mi mujer, que protegida por la ley de conciliación familiar, fue sentenciada en contra. La Sra. Jueza se sensibilizó más ante los pobres argumentos que presentaba la empresa que la de la propia ley que claramente la protegía.

Decidimos no recurrir y esperar a ver que pasaba con el resto de compañeros, pues se trataba de un despido colectivo que tarde o temprano con la ayuda de los sindicatos la empresa tendría que dar su brazo a torcer.

Mientras taníamos que pensar en el futuro, nuestra vida se sustentaba en los dos sueldos y uno de ellos había desaparecido y el otro se encontraba en grave riesgo de desaparecer. Conducidos por la inseguridad que nos daba el hecho de ver como una empresa ejemplar hasta la fecha con sus trabajadores, empezaba a desprenderse de ellos de cualquier forma, pensamos en abrir un negocio.

—Yo abriría una tienda de ropa.

Decía mi mujer.

—Pues yo no pienso ayudarte mucho, con mi trabajo y el poco tiempo del resto del día, la verdad que no me motiva lo suficiente para hacer sobreesfuerzos.

—Pues que propones.

—Yo abriría una tienda para la venta de coches de ocasión.

Capítulo XI
La tienda

Nos pusimos rápidamente manos a la obra, como siempre que a mi se me ocurría una locura, porque no había tiempo que perder, teníamos que acabar con esta nueva idea lo antes posible, por que la duda a veces nos mueve y nos lleva por derroteros inimaginables, por el hecho de pensar y preguntarnos, y si no es una locura.

Lo primero que hicimos, fue buscar un local en donde exponer nuestros futuros coches, en un lugar apropiado por su ubicación y lo suficientemente amplio. Encontramos uno de 150 m2, con una buena entrada y mejor escaparate, algo retirado del centro del pueblo de Castellbisbal, pero en una de las avenidas de mayor tránsito.

Luego la obtención de las licencias y permisos de los entes correspondientes, acondicionamiento del local y nuestro letrero "AUTOMÒBILS CASTELLBISBAL".

Con todo ya listo, sólo quedaba llenar la tienda de coches para vender.

Para nuestra primera adquisición, acudimos al mercado alemán. En la época estaba de moda el coche de gama media y alta de importación. Así que emprendimos viaje hacia tierras alemanas. Allí nos esperaba nuestro amigo Mathias, uno de los primeros alemanes que pisaron terreno español cuando la Volkswagen compró la mayoría de las acciones de Seat, con el fin de poner en marcha los nuevos proyectos en los que quería invertir la empresa alemana. Este señor tuvo desde el primer día nuestra colaboración en Seat, por parte mía y de mi padre, para ayudarle a integrarse con las personas y sobre todo para adquirir conocimiento del actual funcionamiento de las instalaciones de Pintura, por eso significamos para él un gran apoyo.

En justa medida cuando tuvimos la decisión firme de ir a Alemania, lo llamé para pedirle consejo, no tardó en decirme que fuera a su ciudad, en Hebron, en donde había infinidad de expositores para comprar coches de segunda mano. Y por supuesto nos ofreció su casa para que nos albergáramos allí durante los días que hiciera falta. Él se encontraba por esas fechas ocupando la plaza de gerente en las instalaciones de pintura en la factoría donde se fabricaba el Audi A6, en Ingolstadt.

Durante el periodo de las vacaciones de verano, aprovechamos la última semana para poder hacer el viaje, dejamos a nuestras niñas con sus abuelos en las Albuñuelas y tomamos nuestro vuelo rumbo a la tierra prometida, atravesando los Alpes franceses con vetas de nieve todavía en pleno verano, y a las dos horas ya estábamos aterrizando en suelo germano. Ya había estado en alguna otra ocasión en Alemania, invitado para realizar los cursillos de formación que nos daba Seat, y la verdad que siempre que llegas a un lugar desconocido lo primero que percibes, las primeras impresiones son las que te marcan y te dicen por dónde andas, y la verdad tengo que decir que lo que se respira en ese país es civismo, organización, orden, pulcritud, hasta el punto de que los lavabos públicos de cualquier lugar, aeropuerto, bares, etc, están más limpios que los de tu propia casa, como detalle, en los lavamanos no ves ni una sola gota de agua salpicada, el mármol de alrededor totalmente seco y brillante, que obliga al que viene, a sentir vergüenza si tu provocas una sola pequeña huella o salpicadura de agua, y si no puedes evitar hacerlo por accidente, a limpiar tanto o mejor para no dejar ni un mínimo rastro de tu presencia sucia por allí. Es espectacular y asombroso cuando no estás acostumbrado a tal civismo, pero por otro lado es el reflejo de que es un país en el que las cosas se hacen bien, bien no, lo siguiente, muy bien.

Por tanto para cualquier persona llegada allí, en este caso como nosotros, para hacer una inversión para nuestra actividad, sabe que está en el lugar idóneo para hacerlo.

A la salida del Aeropuerto allí se encontraba nuestro amigo Mathias, alto él, corpulento, de aspecto bonachón y persona entrañable.

—Hola Mateo.

Me recibió dándome un gran abrazo.

—Hola Mathias. Mira te presento a mi mujer. Se llama Pili.

—Hola Pili. Dame dos besos. ¿Cómo os ha ido el viaje?

Nos preguntaba en un perfecto castellano, con un pequeño marcado acento alemán.

—Bien Mathias, hemos tardado sólo dos horas desde Granada hasta aquí.

—Ah, ¿pero no estáis en Barcelona?

—Sí pero estábamos de vacaciones en Granada, y hemos aprovechado para dejar a las niñas con los abuelos de Pili.

—Muy bien. Bueno, ¿cómo va todo por allí, por España?

—Bien, Ya has visto. Los dos trabajando en Seat.

—Ah, ¿la Pili también?

—Sí, el Sabino la pudo meter a trabajar.

—Que bien. ¿Y el Sabino cómo está? hace tiempo que no lo veo, hablamos por teléfono a veces y me explica cosas de allí, me acuerdo mucho de aquello.

—Pues está bien, ya te habrá dicho que está como Jefe en la sección del Taller 4 de masillas en Martorell.

—Si lo que pasa es que yo cuando cerró la factoría de Zona Franca en Barcelona, ya me vine para aquí y no conozco la fábrica de Martorell. ¿Pero está bien, no?

—Sí, sí, bueno un poco más grande que tú, come mucho.

—Jeje, que bueno. ¿Qué queréis que hagamos primero?, a ver que os parece como lo he organizado. Primero vamos a mi casa, dejáis las maletas, os ducháis, comemos lo que os he preparado y echáis una siesta para descansar un poco del viaje, y luego por la tarde salimos por la ciudad, os la enseño. Mañana salimos todo el día para ver las campas de coches. Os presentaré a un amigo mío que tiene una casa de venta, yo le compré mi Audi A4 Avant, de 2ª mano. Es moro pero formal.

—Bueno hombre, a mí la casa también me la hicieron gente de Marruecos. Son gente formidable.

—Si pero tienes que tener cuidado hay de todo.

—Si como en todas partes.

—Bueno, siguiendo con el plan. Luego vosotros tomáis la decisión sobre el coche que más os interese. Estáis los días que queráis por aquí, mientras yo voy a trabajar y luego el fin de semana quiero enseñaros la Selva Negra y el lago Titisee.

—¿Está muy lejos de aquí?

—No, a unas 3 horas.

—¿A unos 200 kms?

—No, sobre 500 kms.

Viendo nuestra cara de asombro, nos aclaró.

—Tranquilos, es todo autopista y aquí no tenemos límite de velocidad.

Pero viendo como sólo por un mínimo de cumplido habíamos abandonado ligeramente nuestro gesto de asombro.

—Ya veréis mañana.

El sábado después de desayunar, temprano, sobre las 7 h, emprendemos rumbo al lugar, todavía con algo de sueño, montados en el coche, no tardamos en conectar con la autopista. Bueno a esta velocidad no creo que lleguemos en 3 h, pensaba yo.

—Mathias, ¿estás seguro que llegamos en ese tiempo?

—Que si hombre, a esta velocidad seguro.

—Pero si iremos a 140 kms/h máximo.

—¿Cómo? ¿Has visto el cuentakilómetros?

—No, pero más o menos será la velocidad que llevamos, ¿no?

Tras unos segundos de silencio y sin recibir respuesta, miro el cuentaquilómetros. La aguja marcaba 220 kms/h.

Mientras Mathias sonreía al volante de su Audi, yo necesitaba unos segundos de reflexión para analizar todo esto, segundos que respetó, eso sí, sin dejar de sonreír.

A ver fijémonos en el entorno. Coches a una distancia de seguridad suficiente como para poder reaccionar ante cualquier maniobra imprevista, firme perfectamente asfaltado, con drenaje para la lluvia, 4 carriles permanentes, anchos y con líneas pintadas muy visibles y un buen coche, pues claro la sensación era de una velocidad acorde a la seguridad. Impresionante.

—Ya estamos entrando en la Selva Negra.

Fueron largos kilómetros de recorrido introduciéndonos por ella, a través de su carretera, desde la que se dejaba ver un espeso y frondoso bosque. Hasta llegar al lago Titisee. Allí cogimos una barca turística para recorrer el extenso lago, igualmente rodeado de la inmensa espesura de árboles, y con alguna casita de madera a pie de agua, que convertía el entorno en un paisaje espectacular.

Hicimos noche en la ciudad más cercana. Se escuchaba desde la habitación de nuestro Hotel, pasar de vez en cuando algún coche con el rugido del motor y a altas revoluciones pero en marchas cortas para no sobrepasar la velocidad indicada, supongo que con el fin de mostrar y sentir la fuerza de sus caballos. También veíamos desde nuestra habitación pasar de forma continua un tranvía que conectaba con otras ciudades.

Aprovechamos yo y Pili para pasear por la noche, por sus calles más iluminadas y con ambiente joven, algún río atravesando la ciudad, alguna iglesia al fondo, algún coche ruidoso todavía y el tranvía arriba y abajo. Entramos en un restaurante a cenar.

—Gute nacht.

—Gute nacht.

Hasta ahí bien, pues tenía alguna noción muy básica del idioma.

—¿Que desean?

Supongo que diría en la lengua.

Le señalamos en la carta lo que deseábamos comer.

—Ok.

Cuando se acercó a nuestra mesa para traer lo que le habíamos pedido, lo hizo con un:

—Bitte.

En un gesto de pedir por favor que degustes o pruebes lo que tu le has pedido, pero que el camarero también te lo está ofreciendo.

—Ok, dank.

Ya de vuelta a la ciudad de Hebron, por el camino comentábamos con Mathias que nos quedaríamos con el Audi A4 que nos había enseñado su amigo el moro, como él le llamaba.

—Vale, pues mañana pido fiesta y voy con vosotros para que cerréis la operación, primero lo probamos bien, lo acabamos de mirar para estar seguros y a ver si nos puede bajar algo el precio.

—Perfecto.

Lo que más me llamó la atención del coche, aparte de ser un Audi, de color negro, con tan sólo 4 años y menos de 100.000 kms, con el estado exterior e interior impecable, fue el aspecto de su pintura, quizás porque era el terreno que yo dominaba. Su estructura sedosa, lisa como un espejo, sin una sola mota e imperfección en la superficie, dejaban ver las curvas y diseño de la marca en todo su esplendor.

Satisfechos con la compra realizada y contentos por las estancia, nos despedimos de Mathias, sabe Dios si ya por última vez.

—Si vuelvo por España ya os visitaré. Ahora estoy sólo, desde que me separé de mi mujer, y mi hija que está estudiando en Francia, la verdad que me apetece salir poco.

—Como quieras Mathias, pero que ya sabes como localizarnos, y donde tienes otra casa.

Nos despedimos de él y emprendimos el camino de retorno por carretera. Vamos a ver lo que corre este coche. Guau, 240 kms/h, que pasada, claro a esa velocidad circulaba por el cuarto carril, pero sin adelantar demasiados coches, miro por el retrovisor y veo que llevo a una prudencial distancia a otro coche, con la sensación de que llevaba algún rato esperando para que me apartara, pero que por otro lado se mantenía paciente, sin hacerme luces o sin pasarme por el carril libre de la derecha, me había acomodado al 4° carril pensando que a esa velocidad iba yo sólo, al apartarme por fin a un lado le pude dejar transcurrir su tranquila marcha, supongo que a más de 260 kms/h.

Al entrar en territorio francés, limitación de velocidad a 130 kms/h, con tráfico intenso y caótico en comparación, nada que ver.

Llegó el día de la inauguración de nuestra tienda, conseguimos llenarla con 6 coches, tres que habíamos adquirido, los dos nuestros y uno que me dejaron para vender, suficientes para completar el escaparate.

El día 24 de Septiembre del 2006 hicimos la apertura, fueron invitados los más íntimos, y por parte de Seat, los jefes que habíamos invitado a la celebración de la bandera de la casa. De ellos, no asistió ninguno. La gran sorpresa fue la de Mathias, que se desplazó desde Alemania de forma expresa para asistir a ese gran día para mí. No sólo me demostró su amistad, sino la gran persona que era. Esto significó un gran apoyo para empezar esta nueva aventura.

En el mismo acto ya hicimos nuestra primera venta. Un Seat León, color negro, 150 CV, gasolina. La siguiente venta fue la del Audi A4 que fuimos a buscar a Alemania. Con este coche tuvimos el primer problema, porque a la hora de hacer la documentación para poner a nombre del cliente, resultó que faltaba un documento de su lugar de origen. El cliente que ya tenía comprado y entregado el coche con el correspondiente permiso provisional de circulación, preguntaba para cuándo tendría sus papeles porque el provisional estaba a punto de caducar. Ante el retraso que me estaba suponiendo conseguir reunir la documentación que faltaba, sólo podía decirle, que tuviera algo más de paciencia, que al ser un coche de importación y ante el problema surgido, podría seguir demorándose por un tiempo más. Pocos días después, como es normal, el cliente con toda sus dudas, no podía esperar más. Entendiendo su postura, sólo pude decirle que podía entregar el coche y le devolvería integro su importe, sin ningún problema, pero le añadí que al ser el segundo coche que vendía, recién abierto el local y en un pueblecito como en el que me encontraba ejerciendo esta actividad, mi intención era la de seguidamente cerrar la persiana y cesar el negocio, no podía asumir comenzar de forma tan nefasta. El gesto sincero me hizo escuchar de boca del que era una persona que conocía por haber sido pastor de ovejas, que las cuidaba durante años en la granja justo detrás de mi casa, Emilio.

—Mateo, no te preocupes, cuando tengas los papeles nos llamas.

Y así lo hice, pocos días después llegó el papel que faltaba desde Alemania, y con toda la documentación reunida, acudí a la Jefatura de Tráfico para hacer el cambio de nombre.

Con esta filosofía comencé a dar mis primero pasos en este sector tan complicado de la venta del coche de ocasión.

Complicado mundo, comprar a buen precio para vender más barato que los competidores, con una oferta muy amplia y accesible por Internet, exigía realizar un proceso muy sofisticado:

Primero tenías que elegir bien el coche dentro del mercado, conocer la demanda, el perfil del cliente que podría estar interesado. Los precios oscilaban dependiendo de la marca, modelo, acabados, años, estado y kms principalmente, había que saber poner en la balanza todos estos factores para hacer la mejor compra posible, si bien al final para vender bien tenía que presentar el coche en las mejores condiciones posibles y al precio más barato del mercado. Por eso había que ingeniárselas para equilibrar la balanza y además obtener beneficio, que no era siempre en todos los casos, ya que cuando ya había hecho la adquisición siempre salía algún gasto más para poner el coche en las condiciones más óptimas, luego si pasaban los primero meses sin vender, su precio en el mercado bajaba y cuando aparecía el cliente también te regateaba para que le hicieras un descuento, y claro, cuando ya tenías la posibilidad de venderlo, no lo dejabas escapar. Otro gasto extra era cuando había que cubrir la garantía de 1 año. Total que al final el beneficio era mínimo en algunos casos o significaba perdida en otros, sólo corregido cuando hacías una buena venta.

El coche una vez que lo compraba, previa comprobación de que cumplía con todos los requisitos necesarios, lo pasaba al taller para realizar una primera inspección, reponiendo las piezas y elementos de desgaste, se le hacía el mantenimiento correspondiente y del taller mecánico pasaba al de chapa y pintura. En esta labor que era la que mejor dominaba, es donde conseguía reducir gastos, puesto que las pequeñas imperfecciones de chapa y pintura las podía solucionar por mi cuenta. El estado final del coche una vez puesto en el escaparate era realmente atractivo, conseguía darle una apariencia de prácticamente nuevo, y así me lo llegaron a reconocer muchos de mis clientes.

Les hacia un buen reportaje de fotos para colgarlos en Internet, y conseguía vender en cualquier punto de España.

Otro de los problemas que me podía encontrar, era la posibilidad de que uno de los coches tuviera los kms tocados, es decir, que el contador marcara menos de los que tenía, y creedme que no siempre era fácil averiguarlo, había varios indicadores que podían dar lugar a la duda y por tanto rechazar la compra, pero aún así, se daban casos que podían llevarte a engaño. Como Así me sucedió en una de las compra-ventas que hice. Una Renault Space, importada desde Alemania, con 4 años, y 67.000 kms, de aspecto exterior en interior impecable, con el libro de las revisiones sellado en el taller. A los pocos días de venderla, me llama el cliente para decirme que le había vendido un coche con los kms trucados, yo me encontraba de vacaciones en Granada, pero de lo poco que podía hacer era intentar comprobar en uno de los concesionarios de Renault, ver si tenían alguna información más sobre este coche. Así lo hice, me atendieron en la recepción, diciéndome que los datos no podía facilitármelos por la ley de protección de datos, que debía acudir el propietario, pero les explique el caso y le pedí encarecidamente que me dieran toda la información de la que podían disponer en su banco de datos. Finalmente accedieron, comunicándome que el coche pasó su última inspección en taller cuando tenía 157.000 kms.

Aviso al cliente para confirmarle que está en lo cierto, y me aclara que a él le habían puesto al corriente desde la jefatura de Mossos De Escuadra, que era un coche cuyo rastro venían persiguiendo por ser uno de los dudosos en el mercado de importación.

Le comenté que podía devolverlo sin ningún problema y que ya me haría cargo del coche. Pero el cliente quería una indemnización y una revisión más profunda para seguir con el coche, porque le encantaba. Así lo hice, una vez acabado de recomponer las piezas de mayor desgaste, aviso al cliente para que venga a recogerlo. Sólo entrar por la tienda me pide que le doble la indemnización porque sino acabaría denunciándome a los Mossos. Yo le dije que perdonara pero que eso era un chantaje, que el coche estaba bien revisado como habíamos pactado y que la indemnización no iba a ser mayor. Cogió su coche, y me dijo que entonces nos veríamos en los juzgados. A los 5 minutos vuelve a entrar por la puerta para decirme que el coche lo había dejado perfecto, que incluso un pequeño ruido que observaba había desaparecido, que el coche le iba muy bien y que aceptaba la indemnización de 1.000 €.

Uno de los mercados a los que acudía a veces acompañado por mi padre era al de Seat, que tenía un departamento encargado de gestionar los vehículos de segunda mano. A veces adquiría alguno de sus coches motivado por el conocimiento que tenía de la marca como empleado, no eran baratos, pero estaban seminuevos, con pocos kms, y aunque no eran fáciles de vender por el prácticamente poco, ninguno o directamente no beneficio, sí que podía quedar bien con el cliente, y dar la cara por un producto que yo fabricaba y conocía perfectamente, por lo que no me resultaba difícil hacer de relaciones públicas para comercializar su venta.

Uno de estos coches que vendí, tuvo un problema en la ITV, al no superarla por no cumplir con una de sus homologaciones. Este caso lo puse en conocimiento de la empresa con una nota informativa que decía así:

—Hola buenos días, me pongo en contacto con ustedes con un problema que ha surgido con un coche que retiré hace 8 meses del parque de vehículos de ocasión, es una Seat Alhambra 1.9 TDI 130 CV del año 2003, matrícula

46XX-CFY, con nº de bastidor VSSZZZ7MZ3V521__. El tema ha surgido cuando ha ido a pasar la ITV y la han echado para atrás porque no lleva el lavafaros Xenon, y han dado un plazo de 15 días para volver. Siento ponerme en contacto con ustedes por un asunto así, en otras ocasiones ha sido para felicitarles por la buena labor y gestión que vienen realizando, espero que este problema pueda solucionarse también. Gracias y un saludo.

La contestación que recibí, 1 h 20 minutos más tarde me respondían así:

—Hemos tomado nota de la situación y hemos iniciado a buscar datos para poder tratar tu caso y responderte. En cuanto tengamos más noticias te informaremos. De todas formas estamos a tu disposición para cualquier otra consulta.

Saludos cordiales. Firmado: Club Autoemoción.

Capítulo XII
El despido

4 meses después, cuando llevaba 2 horas de trabajo en el turno de tarde, me llaman por teléfono para que acudiera a las oficinas de personal. Ya quedaba poca gente, era la hora de plegar del personal de oficinas, no veía a nadie. Apareció de repente un señor, algo mayor, de los veteranos.

—Hola. ¿Eres Mateo?

—Si.

—Ven, acompáñame.

Andamos unos pasos hasta llegar a un cuarto.

—Pasa, pasa.

—Bueno que intriga.

—Tranquilo. ¿Tú eres hijo de Frías, no?

—Si.

—Yo conocía a tu padre.

Me dijo en pasado y en tono triste.

Mi padre ya mayor, se encontraba de vacaciones en su pueblo, y empezaba a tener la sensación de que le podía haber pasado algo, y aquel señor me lo estaba intentando comunicar.

—¿Qué le ha pasado algo a mi padre?

—No, no, tranquilo.

Pero mi inquietud iba creciendo.

En ese momento aparecen dos personas más en el cuarto, chico y chica, jóvenes, de la nueva generación.

—Hola, buenas tardes.

Y dirigiéndose al señor que me estaba intentando comunicar algo, le preguntaron.

—¿Este es Mateo Frías?

—Si.

—Hola Mateo, lea esta carta.

Carta que venía a decir: Que con motivo de intentar beneficiarme de una garantía y de estar lucrándome con los coches que me vendían, la empresa había decidido despedirme disciplinariamente.

Bueno no daba crédito a lo que estaba presenciando, el único alivio fue quedar tranquilo de que a mi padre no le había pasado nada.

Me pidieron que firmara la carta, cosa a la que no accedí, me insistían una y otra vez. Viendo que no estaba dispuesto, entonces llamaros a uno de los delegados sindicales para que acudiera como testigo del acto, y quedara constancia de que se me había comunicado el despido.

Bueno este delegado asistió al acto, como me pude enterar años después, porque mi mujer se lo pudo hacer declarar, inducido por otro delegado, compañero mío que le pidió que fuera él, porque le resultaba muy violento estar presente en un momento así, por lo que nos unía. El delegado que también me conocía, quería saber antes, que había pasado para que me echaran, argumentándole que Frías ya lo conocemos todos, es un buen trabajador y honrado. Viendo que se le resistía para dar el paso, lo tuvo que convencer diciéndole, es que le han pillado sacando piezas para sus coches. Y con este argumento se presentó en el acto.

—Hola David, mira lo que me están intentando hacer que firme.

—Lo siento Frías, pero es que te han pillado.

—Que dices David.

—Lo siento Frías, te han pillado. Firma, pon que no estás conforme y ya está.

Así lo hice.

Cuando solté el bolígrafo, y antes de quedar inmerso en una profunda soledad, cogí en mi mano un llavero que siempre me acompañaba y cuya imagen reflejaba la figura de San Cayetano, mostrándola y empuñándola con fuerza les dije.

—¿Veis este?, ¿lo conocéis?, es San Cayetano, lo que me habéis hecho supera la injusticia de lo terrenal y os aseguro que volveréis a verme por aquí.

Desde entonces, 9 de julio del 2009 y hasta la fecha no he cesado en luchar, ni dejaré de hacerlo para que salga todo a la luz pública y que se haga justicia, en un largo periplo que comienza primero por contactar con aquellas personas que dentro de Seat me conocían y que tenían influencia para anular ese despido, como en otras ocasiones había sucedido en otros casos, pero la respuesta fue la misma, de que no había nada que hacer.

Lo siguiente fue denunciar en los tribunales. Pude preparar un buen juicio, con multitud de pruebas y testigos a favor, con documentos requeridos a la empresa para demostrar que ese despido no era objetivo y que estaba intentando encubrir algo que se me escapaba. Llegando el juez a decir en uno de los primeros actos, que Seat no pensara que este juicio lo iba a ganar también, que pintaba muy diferente. Viendo la intención del juez, el abogado de Seat en una buena estrategia, consiguió aplazar el juicio, para ganar tiempo, e intentar conseguir torcer la voluntad del juez, quizás simplemente que tuviera un mal día, como así fue. El segundo día en el que fuimos emplazados para que se celebrara el juicio, El abogado de Seat llamó para solicitar otra suspensión porque no podía asistir, argumentando motivos personales. El juez tenía que preguntarme si consentía con un nuevo aplazamiento, le comenté que por mi parte lo que quería es que se celebrara ya el juicio. Así que lo comunicó al abogado de Seat, que la otra parte no accedía a un nuevo aplazamiento.

Una vez todos reunidos en la sala, el juez nos invitó a pactar un despido improcedente, del que partiríamos de una cifra entorno a los 100.000 €. Yo no quise acceder a esa negociación y una y otra vez, tantas veces como me insistió el señor juez, solicité y rogué que por favor se pudiera celebrar ese juicio, porque con él quería demostrar el montaje que había hecho la empresa y con una resolución de nulidad conseguir mi retorno a la plantilla.

El Juez finalmente sentenció a favor de la empresa y posteriormente se vio reforzado por instancias superiores, como fueron, el Tribunal Superior de Justicia y el Supremo.

Arrojado a la cuneta del paro, en los momentos más álgidos de la crisis y desahuciado por la justicia, sólo me quedaba seguir. Y lo hice refugiándome en mi tienda, ahora tendría más tiempo para dedicarme a ella.

En el siguiente año, ya fue cuando obtuve beneficios, llevaba tres años vendiendo en el mercado y empezaba a consolidarme. Sin embargo fue sólo en ese año, porque al siguiente todo empezó a decaer, la crisis seguía con sus efectos devastadores, y por otro lado, se había extendido el rumor de que había sido despedido de Seat por trapichear con los recambios que me llevaba para instalárselo a mis coches.

Las bajada en las ventas, la caída de mi imagen y tener que responder con las reparaciones de los coches que estaban todavía en garantía, hizo que me viera forzado a echar el cierre.

Cuando todo parecía estar acabado, apareció una persona, Enrique, que conocí gracias a que acababa de comprar unos terrenos que lindaban con una tierra que yo había adquirido años antes. Este señor resultó ser una persona influyente, con contactos en la Generalitat de Catalunya. Le expuse mi caso, y me dijo que iba a ayudarme para intentar que pudiera volver a entrar a trabajar en Seat. Sabiendo de lo difícil que era eso, nació una nueva esperanza que me ayudaría a llevar la cruz que portaba desde mi despido. Los días pasaban, y el compromiso que adquirió Enrique permanecía. Se sucedían las llamadas, los días sin coger el teléfono, cuando lo hacía, era para asegurar que todo estaba en marcha, y que ya había personas de peso que estaban gestionando con Seat mi incorporación, mientras con mi padre al lado mío, ya el hombre mayor, me cogía el teléfono para intercambiar unas palabras con Enrique, y darle las gracias por lo que estaba haciendo, sin acabar de poder despedirse porque le invadía la emoción. Los días se sucedían, las semanas también, nueva llamada, no lo coge, una y otra vez, mañana vuelta a probar, por fin.

—Enrique.

—Si dime.

—¿Cómo va todo?

—Bien.

—¿Cómo estás?

—Bien, ¿y vosotros?

—También bien. ¿Hay alguna novedad?

—Pues según me han dicho, te llamarán. ¿No te han llamado todavía?

—No.

—Pues no tardarán. Puedes estar tranquilo que vas a entrar.

Los días pasaban, y no se producía esa llamada, la desconfianza era de la misma magnitud que la seguridad con la que Enrique me transmitía que todo estaba bajo control.

Como el tiempo pasaba y estábamos en un bucle del que no salíamos, empecé a dar mis propios pasos, intentando contactar con las personas relevantes de la sociedad que pudieran tener fuerza para doblegar la voluntad de una gran empresa como Seat.

Primero conseguí, a través del sindicato, tener una entrevista dentro de las instalaciones de Seat con el presidente del comité de empresa, le expuse el caso y mi situación actual. Me comentó que lo iba a intentar, pero que era poco probable que pudiera conseguirlo. Si me dijo que podía mirarme de buscarme un puesto en una de las empresas proveedoras del grupo. Yo le pedí que intentara primero ayudarme en volver a Seat.

Otra toma de contacto, fue en el Hotel Juan Carlos I, en plena campaña electoral para las elecciones de Cataluña, a donde acudía con la inocente idea de que pudiera intercambiar algunas palabras con el candidato, nada más lejos, sólo pude saludarlo y poco más.

Nueva visita al sindicato. Aprovechando uno de los congresos que celebraba el sindicato en Barcelona, acudí a él para poder tomar contacto de nuevo con el presidente del comité de empresa, incluso pude hacerlo con otro de los invitados que asistía, un alto cargo del Comité General de Cataluña, este señor era uno de los que supuestamente estaba negociando mi entrada a Seat. Me presenté a él.

—Hola.

Estrechando su mano le dije.

—Usted no me conocerá.

—No, dime.

—Soy Mateo, amigo de Enrique. Soy el que fue despedido de Seat por un tema relacionado con los coches.

—A bueno, si mira, esto te lo lleva el presidente del comité de empresa.

—Sí, pero me dijo Enrique que usted los estaba mirando

—Bueno, ahora no recuerdo porque llevo muchos temas, mejor que hables con el comité.

No dejaban de abordarle gente para saludarle, e intentar intercambiar algunas palabras con él. Así que me retiré del lugar y esperé a que acabara el congreso para hablar con el presidente.

—Hola, soy Mateo, te acuerdas.

—A ver.

—Sí que estuvimos hablando hace unos días sobre mi despido en Seat.

—Ah, sí, dime.

—Nada, pues como habíamos quedado, a ver si pudiste mirar algo.

—Sí, pero no se puede hacer nada. Lo siento me tengo que ir.

Mientras se iba alejando por los pasillos, yo iba detrás de él, pidiéndole alguna explicación más, mientras el sin parar le decía a uno de los hombres de su confianza, que me siguiera atendiendo, que le interesaba mucho que me ayudara, pero esa persona desapareció del lugar tan pronto como empezaba a verme invadido por la desilusión, una más.

En la cola del paro, esperando para sellar, tenía tiempo para pensar. Dios Mio como puedo verme así, hace 4 días trabajando en una de las empresas más grandes y seguras del país, donde sólo contabas los años que te quedaban para jubilarte, y ahora estoy aquí, desahuciado de mi puesto de trabajo y sin saber bien el porqué, y no por falta de reflexionar tantas y tantas veces el motivo que había sucedido para acabar con mis huesos en la cuneta del paro. Es verdad que encontraba siempre alguna explicación por mi parte, y es que podía haber pecado de un exceso de ambición o de arrogancia por mi parte, pero eso no era definitivo y siempre me quedaba la duda de que tenía que haber algo más, por más que me lo preguntaba y repetía una y otra vez, no encontraba la explicación. Quizás pude tocar alguna fibra sensible con mi actividad, levantar alguna envidia, ¿pero qué fibra toqué? ¿A quién molesté?, Nunca conseguía cuadrar el círculo.

Mientras mis intentos eran cada vez más desesperados, se me agotaba la prestación por desempleo, así que tuve que comenzar a buscar trabajo en el momento más difícil, con 46 años y cuando las estadísticas del paro crecían cada mes, con un curriculum que sólo me servía para la automoción, muy específico y ligado al de Seat, pero con una carta de presentación emborronada por un despido disciplinario. Todo me hacía volver al mismo lugar, tenía que seguir intentando entrar de nuevo a Seat, por la puerta que fuera, por que no volver a probarlo. Lo hice enviando mi currículum a Recursos Humanos:

Curriculum Vitae

Estudios

Graduado Escolar.

Auxiliar Administrativo (FP1).

Técnico Administrativo (FP2).

Curso de acceso a la universidad.

Estudios universitarios en Ingeniería Industrial Superior por la UNED.

Cursos de formación en la escuela de Seat

Formación continuada sobre cursos Producción, Mantenimiento y Calidad.

Curso para la manipulación de las primeras máquinas electrostáticas de pintura de 4 meses de duración.

Curso para mandos intermedios de 6 meses de duración.

Cursos intercalados de formación continua y duración semanal.

Experiencia Profesional

3 años (desde 1984 al 1987) con la empresa Seincosa S.L. en la Limpieza Técnica de las instalaciones de Pintura en Seat (Zona Franca).

21 años (desde 1988 al 2009) en la empresa SEAT S.A. con la siguiente trayectoria y conocimientos adquiridos:

Como operario del mecanizado de piezas para las cajas de cambio.

Como operario en línea en los diferentes procesos de producción del Taller de Pintura.

Como Oficial de 2ª en la manipulación de máquinas de pintar.

Como responsable (con la categoría de Encargado) de la administración y gestión de los materiales, las cargas de trabajo, calidad y producción.

Como Técnico Analista (Jefe de 2ª) en la Tecnología de Superficies en el departamento de Laboratorio (Pinturas).

5 años en la empresa Automòbils Castellbisbal, SCP (desde 2006 al 2011), Como comercial en la

venta de vehículos nuevos-usados, como gerente y como administrador de empresa.

Firmado: Mateo Federico Frías González

Como era lógico, este como tantos otros intentos desesperados no iban a ser diferentes, seguramente iría al saco de la papelera de reciclaje.

Una vez agotada la prestación por desempleo, tuve que solicitar la ayuda familiar para mayores de 45 años con hijos a cargo, que me concedieron por el plazo de 6 meses. Ya no había tiempo para más y me puse a buscar seriamente trabajo, siempre preferentemente en la automoción. Hablé con los contactos que tenía, primero mi amigo Enrique, luego con mi amigo Sabino y también con la Alcaldesa de Castellbisbal, todos me apuntaban hacia una empresa que estaba a punto de comenzar con la actividad, relacionada con componentes de piezas para el grupo Volkswagen, y más en concreto directamente para Seat, iba a producir componentes para los modelos Audi y Seat, fabricados en la planta de Martorell, en donde había estado trabajando los últimos 16 años. Esta nueva planta estaba situada en uno de los polígonos de Castellbisbal, a tan sólo 5 minutos de mi casa, no pintaba mal. Así que me dirigí al lugar para entregar en mano mi curriculum al Sr. Gustavo, persona a la que me aconsejó la

Alcaldesa que me dirigiera, como máximo responsable de la Planta.

Sabedor de mi experiencia, y bien respaldado por las personas que me apoyaban, me dirigía al lugar con la máxima confianza y decisión.

—Buenos días.

Le decía al vigilante de la entrada cuando acababa de llegar.

—Buenos días, ¿a dónde va Usted?

—Vengo a entregar el curriculum en mano al Sr. Gustavo.

—Pero ahora está reunido.

—Dígale que vengo de parte de la Alcaldesa.

—Espérese un momento que lo llamaré. Gustavo, tengo aquí en la puerta a un señor que viene a entregarle un curriculum, dice que viene de parte de la Alcaldesa. Ok, dice que pases, sube por aquellas escaleras, lo encontrarás en la primera planta.

—Muy bien, gracias.

Al entrar, a la primera persona que me encuentro es a un conocido del pueblo, con el que coincidimos en una de las ferias del comercio que se celebraba, yo con mi stand de coches y el suyo al lado con sus productos de hostelería.

—Hombre Ángel ¿qué tal?

—Bien, ¿y tú?

—Bien también.

—¿Que trabajas ahora aquí?

—Si estoy como jefe del departamento de Calidad.

—Bien, bien. ¿Sabes dónde puedo encontrar a Gustavo?

—Sí, mira, ahora lo tienes allí enfrente, charlando con la de recursos humanos.

—Hola, buenos días, ¿Es usted el Sr. Gustavo?

—Sí, dime.

Me respondía con aspecto agrio.

—Vengo de parte de La Alcaldesa, me dijo que le enviaría un correo para que supiera que iba a venir a entregarle el curriculum y poder tener una entrevista.

Con la reacción de no saber que estaba pasando, me vi obligado a hacer la siguiente pregunta.

—¿No ha recibido ningún correo, por parte de ella?

—Pues no.

Tierra trágame.

—Pues me dijo que lo haría. De todas formas ya que estoy aquí, si quiere le dejo mi curriculum.

—Déjaselo a Inma, que es de Recursos Humanos.

Esta vía parece ser que no había funcionado. La de Enrique no quería utilizarla porque estaba ensimismado en que él tenía que seguir intentando, como siempre me había prometido, el que algún día volviera a Seat, y me quedaba mi amigo Sabino que siempre me había ayudado en las diferente etapas por las que pasé en Seat. Lo llamé por teléfono.

—Hola Sabino, soy Mateo.

—Hola ¿que tal?, ¿cómo va?

—Bien Sabino, todos bien. Ahora me encuentro buscando desesperadamente trabajo, se me está acabando la ayuda familiar y tengo que hacer algo. A ver si me puedes ayudar a encontrar trabajo en alguna de las empresas proveedoras de Seat.

Como había anunciado antes, apuntó a la que estaba empezando la actividad en Castellbisbal.

—Hablaré con un amigo mio que también lo echaron hace unos años de Seat y se hizo accionista de la empresa PMS.

—Ostras, pues precisamente es con la que he entrado en relación.

Pocos días después ya estaba trabajando con contrato de días sueltos por empresa temporal.

Bueno ya de vuelta a mi mundo original, la fabricación de coches, y como a veces me decía para darme moral, después de haberlos vendido todos, tocaba de nuevo hacerlos.

Mi primer puesto, el espumado de los apoyabrazos en la zona No Jit (just in time) en donde comenzaba el proceso en serie de los paneles para este modelo, la otra zona existente era el Jit, en donde las puertas ya van directamente a Seat para mantener el proceso productivo en cadena, de ahí la palabra justo a tiempo (Jit). Total mi primer día, mi primer puesto, fácil, poner apoyabrazos de inyección en los respectivos moldes para que realicen el ciclo de recubrimiento de espuma, durante 3 minutos, quitar, volver a poner y lijar los restos sobrantes. Restos excesivos de espuma sobrante que además hacen de sellador de la pieza sobre el molde y dificulta en gran medida su extracción, con la pieza caliente, se hace harto difícil realizar el trabajo en tiempo y forma. Bueno un ciclo, ahora a lijar, por donde empiezo, me pregunto, bueno como cuesta, bueno esto es lo que hay. Con el ciclo finalizado, se abre la persiana aislante, que indica que ya toca quitar y cargar de nuevo, todavía con algún apoyabrazos por acabar de lijar, bueno hay que correr un poco más, miras al compañero de enfrente que está en otra máquina igual, y ves que no levanta cabeza. Cada vez más fatigado por la inexperiencia en el puesto, por la falta de recursos y herramientas idóneas para trabajar y la mala optimización de la máquina en cuestión, hacía presagiar unos tiempos difíciles, pero que por otro lado había que afrontar con la mayor fuerza posible, había que darlo todo, para poder hacerse con este trabajo y afrontar el reto. Así me lo propuse, acababa muchos días extasiado, no podía más, acabar de comer para irte a dormir y no poder casi levantarte del cuerpo tan dolorido y fatigado, acostarte sabiendo que mañana no podrás volver por que tu cuerpo ya no puede más y no confías en recuperarte lo suficiente como para poder enfrentarte a otro día de trabajo, sin embargo encuentras una fuerza interior que desconoces, pero que permite vencer toda esa adversidad superando otro día más, y así se suceden los días mientras sigues pensando, Dios mío como me puede estar pasando esto a mí, que es lo que he hecho para merecer este castigo, no lo puedo entender, no le desearía esto ni al peor de mis enemigos. Pero te sigues agarrando al clavo ardiendo, mientras de vez en cuando ves asomarse al Sr. Gustavo desde su despacho para contemplar el funcionamiento de la Planta.

—Cuidado.

Te dice un compañero.

—¿Qué pasa?

—Que ha salido Gustavo a mirar.

—Ya lo he visto.

—Que no te vea parado. Cuando acabes de lijar las piezas, si te sobra tiempo te pones a barrer.

—Vale, vale, cuando me sobre tiempo.

Un día, en los que el Sr. Gustavo andaba por el taller, se me acercó al puesto.

—Buenos días.

—Hola, buenos días.

Y dirigiéndose a mí con muy malas formas me dijo:

—¿A usted no le da vergüenza tener el puesto así de sucio?

—Hombre, la verdad es que.

Una y otra vez sin dejar acabar de explicarme me decía.

—¿A usted no le da vergüenza, su casa también la tiene así?

Sin faltarle razón y sin dejarme poder dar ninguna explicación por mi parte, cogí la escoba y me puse a barrer.

Por la tarde, ya desde casa llamo a Enrique.

—Enrique, hola.

—Hola Mateo. ¿Qué me dices?. ¿Cómo va todo?

—No va bien Enrique, lo estoy pasando muy mal. ¿Cómo está lo de Seat?

—Lo sigo mirando. Ahora entrará un remplazo de gente, a ver si en esta tanda te podemos meter.

—A ver Enrique por favor si lo consigues, ya sé que es muy difícil.

—Tranquilo, lo vamos a conseguir.

—Espera Enrique que te paso a mi padre que también quiere hablar contigo.

—Hola amigo Enrique, haz el favor hombre de meterlo en la Seat, que están matando a mi hijo.

Le decía entre sollozos y llorando.

—Tranquilo Federico, que tu hijo va a entrar.

—No me digas Enrique, no sabes lo que te lo voy a agradecer. Haz el favor hombre.

Pasaban los días, pero sin que se produjera movimiento alguno.

Una de las mañanas desayunando con mi padre, mientras conversábamos, me contaba 20 años después, uno de sus secretos mejor guardado. En un acto de debilidad me explicaba como a él también lo habían forzado a abandonar su puesto de trabajo 4 años antes de poder jubilarse como siempre había deseado. Era ya mayor y la empresa estaba por rejuvenecer a su plantilla. Le pusieron como moneda de cambio mi plaza fija. No tuvo otro remedio que aceptar.

Mientras seguía luchando por sobrevivir, intentando ganar la batalla y salir lo más airoso posible de los puestos nuevos a los que me iba enfrentado. Mejorando las técnicas de trabajo, acortando los tiempos de ciclo y asumiendo los criterios de calidad, con la máxima responsabilidad de quien ya sabía la exigencia que tiene hacer un producto de primera categoría. Con pocos medios y máxima exigencia, había que hacer verdaderos sobre esfuerzos humanos para llevar los puestos que mínimamente te habían enseñado. Rodeados de compañeros con más antigüedad que tu, que a su vez son de plantilla y con los que compites directamente desde la empresa de trabajo temporal, ***ETT***, que te da cobertura. Todo ello hace una mezcla explosiva, que no te permite desenvolverte con comodidad, debes integrarte muy poco a poco en el grupo, asumiendo el rol de que lo peor está reservado para ti, vamos como vulgarmente se dice, un come mierdas, y perdón por la expresión, pero en los momentos de máxima desesperación cuando ves que no puedes llevar tu faena por los desequilibrios que se producen, te hacen repetir en tu mente una y otra vez en lo que te has convertido. Llevar esa otra cruz además de la que ya arrastras de antes, acaba por destruirte, o nada más lejos por volver a levantarte como el "Renacido".

En mis intentos desesperados, un día conseguí contactar con la oficina de la Casa Real, y les pude exponer mi caso. Me aconsejaron que si quería llegar hasta el Rey Felipe IV, lo hiciera a través de una carta con peso y bien argumentada, y que lo hiciera a través de correo electrónico. No daba crédito a que estuviera siendo atendido vía telefónica desde Zarzuela. Al día siguiente ya había enviado esta carta:

21-nov.2014

Carta al Rey Felipe VI

Hola Majestad, me dirijo a usted a través de esta carta en un último intento de encontrar una salida a una historia que se viene escribiendo desde el año 1957 por una familia en la fábrica de SEAT S.A.

Este próximo lunes, vendrá a visitarnos a la planta de Martorell, también lo hizo su padre, el Rey Juan Carlos, en varias ocasiones.

Mi padre, entró a trabajar en SEAT S.A. en el año 1957, cuando comenzó la fabricación del Seat 600, el coche que llenó las carreteras de toda España en unos tiempos difíciles.

Cuando yo tenía 3 años ya entró el primer coche en casa, por supuesto el 600, todavía recuerdo la matrícula "B-609140", todo un acontecimiento, mi padre que llegó a Barcelona como emigrante, como tantos otros de la zona de Andalucía (Granada), en busca de un futuro, lo encontró en poco tiempo en esta gran empresa. Se casó y formó una familia. Todos siempre hemos entendido de lo importante que ha sido para nosotros el poder tener el sustento y la seguridad que nos daba el que nuestro padre perteneciera a una empresa tan importante como esta.

En el año 1984, cuando yo tenía la edad para incorporarme al mercado laboral pude entrar en una empresa proveedora de Seat que realizaba las tareas de Limpieza Técnica en las instalaciones del taller de Pinturas. Eran trabajos duros porque requerían de gran esfuerzo físico y de resistencia, y yo la verdad soy de complexión delgada, pero bueno era más fuerte la ilusión que me hacia el estar trabajando para Seat. 4 años después ya ingresé como operario en la Plantilla de Seat. Los 3 primeros años estuve con un equipo que dirigía mi padre y pude adquirir los conocimientos y experiencia necesarios para luego seguir promocionando y pasar por los diferentes cargos y departamentos del taller. Me casé y formé familia, tengo 2 niñas también, como usted. Al igual que yo han crecido sabiendo de lo importante que es trabajar en una empresa como Seat y orgullosas de su padre. Mi señora (Pilar), también ingresó en la plantilla de Seat en el año 1994.

En el ERE del 2005, mi señora fue una de las afectadas y decidimos emprender un negocio. Abrimos una tienda de venta de vehículos de ocasión en el pueblo que vivimos (Castellbisbal), empezamos esta nueva aventura con ilusión y la verdad que no se nos daba mal, yo alternaba mi trabajo y ayudaba cuando podía, vendíamos coches de todas las marcas. A Seat, que tiene un departamento de ventas de vehículos de ocasión, a veces también le comprábamos algún coche como a otros proveedores.

En el año 2009 ocurrió un fatal desenlace que no entraba ni en las peores de mis pesadillas, fui despedido isofacto, sin previo aviso, a raíz de una información que solicité sobre uno de los coches que me habían vendido, al no superar las pruebas de la ***ITV*** por falta de homologación. El día 9 de Julio del 2009 entré a trabajar en turno de tarde como un día normal, a las 16 h. me avisaron para que me presentara en las oficinas de personal y allí me entregaron la carta del despido. Después de 21 años no daba crédito a lo que me estaba pasando. Mis jefes directos, mis compañeros, amigos y colegas, nadie sabía nada y estaban tan sorprendidos como yo.

Desde entonces y hasta la fecha no hemos cesado en el intento, yo con mi familia y amigos, de poder tener la oportunidad de aclarar que es lo que pasó y volver a trabajar en Seat. En uno de mis últimos intentos he podido contactar con el Presidente de Seat, el Sr. Jürgen, en el circuito de Cataluña, en la copa Seat León, y la verdad que me atendió durante unos 10 minutos y pude expresarle las ganas que tenía de volver a Seat, me dijo que contactara con su secretaria para concertar una visita, así lo hice, pero ya me han contestado con una nueva negativa, pienso que al Presidente no le ha llegado mi petición.

Con motivo de la crisis tuve que cerrar la tienda. Actualmente estoy trabajando como operario en una empresa proveedora de Seat.

Cada día que salgo es raro que no me encuentre con un coche que haya vendido o con algún cliente que me saluda. Siento una gran satisfacción de todo lo que he llegado a realizar en mi vida y de como me siento arropado y querido por todos los que me rodean, muchos son conocedores de mi historia y del pesar que tengo por sentirme una y otra vez con la imposibilidad de volver a casa.

Es por todo ello, Majestad, que le hago este ruego para que si esta carta a merecido su interés, me echara una mano, porque sé que con un sólo gesto, usted me puede volver a abrir las puertas.

Le agradezco de antemano, si finalmente esta carta llega a sus manos, el interés mostrado, porque esto me hace mantener aún esperanzas.

Reciba un atento saludo.

Fdo: Mateo Federico Frías González

2 meses después, recibo la contestación desde la Oficina de la Casa Real, diciéndome que habían hecho llegar mi carta al Rey Felipe y que había mostrado un verdadero interés por que hicieran lo que fuera posible para ayudarme, pero que lamentándolo mucho era un tema que estaba fuera del ámbito de su competencia.

meses antes llega una gran noticia para la empresa, íbamos a recibir la visita del Presidente de Seat, El Sr. Jürgen, que vendría para visitar nuestras instalaciones, después de haber sido elegida como una de las mejores proveedoras del grupo, y empresa modelo a seguir, referente y espejo en el que mirarse el resto de empresas proveedoras del grupo.

Aprovechando esta visita, mi idea era poder conseguir un acercamiento el día de su visita, pero no sabía como hacerlo, ¿entregándole una carta en mano, a él o a alguno de sus acompañantes?, ¿presentándome directamente, e interrumpir el acto?, ¿esperarle en la entrada, para abordarle antes de entrar?, ¿o esperar en su salida?, eran muchas las preguntas sin respuesta, y sí que la realidad era de que aún siendo una ocasión única, para poder hablar con una figura de tal relevancia, estaba claro que no era el momento.

Pocos meses después acudimos en familia a una de las pruebas que se celebraban en el Circuito de Cataluña, en Montmeló en donde se hacían las carreras de la Copa Seat León, y a los que habían sido invitados como espectadores, exclusivamente los empleados y familiares de Seat. Allí acudimos en familia y rodeado de amigos, pude ver a algún antiguo compañero mío.

Mientras hacíamos la cola para coger unos cars y disfrutar de unas vueltas, saltó una de las amigas.

—Mirad ese es el Presidente de Seat.

Se estaba haciendo unas fotos con su familia y con los empleados, compartiendo una jornada de puertas abiertas. Abandonaba el lugar y se desplazaba jovialmente entre la multitud, y pasaba por delante de nuestra cola.

Este es el momento, y sin pensarlo más me acerqué hasta él abriendo mi mano desde lejos para conseguir estrechar la suya.

—Hola Sr. Jügen, ¿qué tal?, me llamo Mateo, y soy trabajador de la empresa proveedora PMS de Castellbisbal, que usted visitó hace pocos meses.

—Ah, sí, ya me acuerdo.

Me contestaba con algo de dificultad en castellano.

—Quisiera que supiera mi historia.

—Dime cuéntame.

Momento en que empezaron a rodearnos fotógrafos y cámaras que estaban dando cobertura a la jornada.

—Mire, yo estuve trabajando 21 años en Seat, y vengo de una saga familiar que entró en los primeros años que se fundó la factoría de Seat.

—¿Y qué pasó?, ¿porque te fuiste?

—No me fui señor, me despidieron.

Mientras le hablaba, su señora me decía.

—Perdónale pero no entiende muy bien español. Pero que sepas que el ha venido a Seat para recuperar los valores y a las personas que quieren tirar del carro en esta empresa.

—Muy bien. Yo sólo quería tener una entrevista con él para que supiera de primera mano mi caso, y a la vez las ganas que tengo de volver a trabajar junto a mis compañeros.

—Vale, de acuerdo, no hay ningún problema.

—¿Pero cómo puedo volver a verle?

—Llamas a Seat y preguntas por Lusanne, que es la secretaria, yo hablaré con ella para que sepa quién eres, le diré que le llamará Mateo.

—Muy bien señora, no sabe lo que se lo agradezco.

Deje pasar prudencialmente una semana para llamar, pude contactar con Lusanne, y me dijo que le enviara mi curriculum por correo electrónico, que ya me dirían algo.

Así, lo hice y además le envié esta carta dirigida al Presidente.

8-ene-2015

Carta de presentación dirigida al presidente de Seat

Hola Sr. Jürgen, me dirijo a usted en esta carta para que me conozca un poco más.

Tuve la ocasión de conocerle en la celebración de la Copa Seat León que tuvo lugar en el Circuito de Cataluña.

Actualmente trabajo en la empresa PMS que realiza componentes para Seat en la planta de Martorell, es la empresa proveedora que visitó recientemente en Castellbisbal. Como verá mi curriculum está totalmente ligado al mundo de la automoción, especialmente al de SEAT, ahora como operario en empresa proveedora, por mi señora que forma parte de la plantilla, por amigos y por jubilados como mi padre. Además sigo siendo consumidor de la marca por la que siempre me he sentido atraído

Los lazos afectivos hacia Seat, laboralmente hablando, lejos de disminuir han ido en aumento, la experiencia, la capacidad de trabajo y las ganas de seguir participando, también.

Es por todo ello que en este momento me ofrezco a Seat a través de su Presidente para que si considera oportuno, poder volver a reencontrarme con mis compañeros, amigos y colegas, participando en nuevos proyectos de futuro y seguir creciendo con la marca de una manera más directa dentro de su propio seno.

Sr. Jürgen, espero poder contarle y transmitirle en persona una gran historia, vivida por una familia que viene trabajando en SEAT desde el año 1957 cuando comenzó a fabricarse el Seat 600, en ese año entró mi padre, hoy ya jubilado y que ha continuado conmigo durante 21 años, hasta el 2009, y con mi señora que sigue trabajando actualmente. También espero contarle lo que motivó el paréntesis de estos últimos 5 años

Le doy estas referencias por si quiere comprobar el aval que me ofrecen:

Jefe de Producción en PMS. Donde trabajo actualmente Tf. 683 64 95 XX

Jefes de Laboratorio En Seat (T5 de Pinturas). Donde trabajé mis últimos 13 años

Tf. (interno 20XX)

Mi curriculum también se encuentra en la página de RRHH.

Gracias por el gran gesto que tuvo ese fin de semana conmigo.

Un abrazo.

Fdo: Mateo Federico Frías González

A los pocos días, me llamó un señor de Recursos Humanos, para darme la entrevista. Al día siguiente lo volvió a hacer.

—Hola Mateo, mira te voy a ser sincero, no perdamos más el tiempo, no puedes volver a entrar a Seat.

—Hola, primero quisiera saber con quién hablo.

—Soy Pérez, de recursos humanos, y te insisto, no perdamos más el tiempo, este caso es imposible.

—Pero yo con quien quería haber hablado era con el presidente para explicarle de primera mano mi caso y mi situación actual. Yo pensaba que me iban a ayudar.

—Lo siento, no podemos hacer nada.

Con la indignación creciendo, le pregunto.

—¿Usted, al igual supo de mi despido, verdad?

—Posiblemente sí, creo que sí.

—¿Usted sabe porque fue y como se produjo?

—Sí creo recordar algo, pero cuando hay un despido, la política de empresa no nos permite volver a admitir a ese trabajador. Por eso le digo que no va a conseguir nada.

—Pues le voy a decir una cosa, para que le quede claro, tan claro como con la seguridad que usted me está hablando para que desista en mi desesperado intento de volver; no pararé de intentarlo hasta que se sepa la verdad, de una realidad tan cruel como la que produjeron el día que me despidieron, arrojándome a la cuneta del paro y provocando un dolor profundo en mi familia, sobre todo a mi padre, que desde el año 1957 ayudó a crecer a esta empresa.

—Pues sí, yo también estoy a punto de jubilarme, Ya le digo lo siento.

—Pues que suerte que tiene usted, que si podrá jubilarse. Gracias por atenderme y disculpe las molestias. Un saludo.

Volví a contactar con Lusanne, por correo para que supiera que la conversación no había sido satisfactoria, e insistía en que con quién quería hablar era con el Presidente. Pero deje de recibir contestación. Insistí nuevamente, pero nada.

Meses después me entero por la prensa de que el Rey Felipe VI, iba a visitar las instalaciones de Seat, como de forma habitual lo ha venido haciendo la casa Real, Primero con su padre Juan Carlos I, al que por cierto, según me cuenta mi padre, en los primeros años de Seat, en una de sus visitas lo pudo ver muy de cerca.

Aprovechando el momento, me dirigía a él de nuevo.

27-ene-2015

Carta al secretariado de S.M. Rey Felipe VI

En contestación a la carta recibida, primero quisiera agradecerles su atención y el gesto de haberlo hecho por carta.

Quisiera que también le transmitieran de mi parte las gracias a S.M. el Rey por haberse preocupado por mi caso, es algo que me gratifica y me enorgullece.

Lamento por otro lado que no hayan podido realizar, desde secretaría, una mínima gestión para ayudarme, pero por otro lado lo entiendo.

Mi única intención es que mostrando sólo interés desde Casa Real, hubiera podido tener una entrevista o reunión con el Presidente de Seat, el Sr. Jürgen, persona a la cuál pude conocer recientemente en un acto que tuvo lugar para los empleados de Seat en el Circuito de Cataluña con motivo de la Copa Seat León.

El Sr. Jürgen me dijo que hablara con su secretaria para que me pudiera concertar una fecha y que me pudiera escuchar, pero tampoco he tenido suerte.

Sabiendo de su próxima visita a las instalaciones de Seat, quería aprovechar la oportunidad por si le merece la ocasión de poder comentar mi caso al Sr. Jürgen.

Sabiendo también de la dificultad que tiene esto, ante los protocolos ya establecido, sólo me queda agradecerle su atención y desearle los mejores años por el bien de nuestro país.

Reciba un cordial y afectuoso saludo, Majestad

Fdo: Mateo Federico Frías González

En esta ocasión, ya sin respuesta alguna.

Los días en el mi ámbito familiar y de amigos, se sucedían con permanentes estados de frustración, entendido por los que de verdad te quieren, y que aún dando motivos para ello, todavía no te han abandonado. Intentando refugiarme en cualquier nueva esperanza, que mantuviera mis fuerzas intactas para seguir luchando por lo que cada vez se muestra como algo hartamente imposible. Pero el ser humano siempre encuentra algo a lo que aferrarse. En mi caso la única cosa que me quedaba era el ampararme en un acto de fe, porque no, si lo que a mi me había pasado no era lógico, ni de este mundo porque no seguir explorando otros, refugiándome en la fe, como en otros tantos momentos difíciles de mi vida. Porque no ahora también. Si la fe mueve montañas, no va a mover a una multinacional tan osada y perversa. La justicia del cielo, y Dios me perdone, caerá algún día sobre sus mismas entrañas para destruir acciones de perversión y malditas como las que dejaron caer y tejieron un día sobre mi persona. No habrá nuevos horizontes para quienes actuaron así conmigo, sólo el de volver a la senda de un camino digno, en el que nos volvamos a encontrar nuevamente.

Filosofías aparte, como decía, en la época de vacaciones, sobre todo durante el veraneo, en el pueblo de las Albuñuelas, tienen diferentes imágenes dentro de su hermosa iglesia, una de ellas es la de la Virgen de las Angustias, con Jesús arrojado sobre sus brazos, ensangrentado y desfallecido después de su crucificación, una imagen que simboliza una verdadera belleza natural de la Virgen y por otro lado el dolor de una madre y el sufrimiento descarnado de un hijo. Una imagen que las gentes del pueblo sacan en procesión cada 15 de agosto y en Semana Santa. Imagen que mis cuñados y suegro acudían a sacar y llevar en volandas cada vez que llegaba el día, y que por supuesto me apetecía mucho vivir esa experiencia. Así que al ir con ellos tenía la oportunidad de probar lo que se siente. Lo primero era un extremado sobrepeso cargado sobre mis hombros, que me hacía quedar retratado como un hombre con no demasiada fuerza, en contraste con los nativos del lugar, fortalecidos por su ejercitación en las tareas del campo. Colocar mi hombro bajo las andas, significaba desfallecer a cada momento y por otro lado dejar recaer el peso en el compañero más próximo, desequilibrando la imagen y dificultando en gran medida el transporte por las calles inclinadas y empedradas. Por suerte como se veía que iba de prueba, siempre acudían nuevos hombres fortachones para hacer los relevos necesarios, pero las ganas de combatir esa adversidad, me impedía facilitar esos recambios, aguantando el dolor en mi hombre, tragando saliva seca para no expulsar el corazón, con la camisa chorreada de sudor y con la preocupación de no estar dando la talla como el que más, porque el novato tiene que pagar siempre ese precio. Bien acompañado por las personas que entendían el sobreesfuerzo de un forastero, luchaba durante las 2 eternas horas que duraba el recorrido. En una de las paradas que hicimos, miré hacia arriba para ver la cara de la Virgen, y pude apreciar como me sonreía. Bueno, ya lo sé, era una alucinación por el cansancio acumulado, sólo fue un instante y no tenía la frescura necesaria para asimilar tal gesto. Pero y si sí.

Con esa fe, y hasta la fecha, vengo encomendándome a ella cada noche, para que las cosas en mi vida me vayan mejor, y sobre todo que no empeoren.

Otros de mis puntales en este terreno de la fe, y ya mencionado, San Cayetano, del que ya me viene la devoción de más lejos. Alojado en una Hermita de la Sierra de Guarchos en Granada, y al que cada año que puedo paso a ver cada 7 de Agosto. Santo conocido por hacer milagros que se refieren sobre todo a la salud.

La Virgen de las Angustias y San Cayetano bendito, como le llaman por el lugar, a los que también he molestado con mis peticiones insistentes de que me ayuden a volver a casa, si a Seat, de verdad algo obsesivo que ya no sólo molestaba a los que me rodean, sino a mi también, empezando a estar muy harto de este bucle sin salida.

Empezaba entonces a abrirme a la nueva realidad, que ya estaba tardando en aceptar. Tenía que agarrarme a mi nuevo trabajo y luchar por esta empresa comenzando desde cero, con menos energía de la que da la juventud, pero con mucha experiencia que me permitían equilibrar mi perfil a la hora de enfrentarme a cualquier puesto de trabajo. Experiencia que a la vez me daba un prisma y visión diferente de las cosas, y me convertían en el Jefe camuflado, imprimiendo una seriedad en el entorno de trabajo con la que podía arrastrar al resto de compañeros, y hacer que las jornadas transcurrieran mejor, para dar las producciones y calidad exigidas por el cliente de Seat.

Puesto de trabajo tan complicado como el ya explicado, el del espumado, conseguía optimizarlos, preparando la máquina y mejorando la técnica, de forma que cada vez me sobraba más tiempo, incluso podía llegar a abastecer a las dos máquinas. Esto me daba ánimos para presentar a los jefes de planta, proyectos de mejora de los puestos, y de ser una figura con la que si querían, podían contar, recordándole mi curriculum, experiencia anterior y conocimiento adquirido a pie de línea. Sin embargo, esto pareció molestar y producir el efecto contrario. Empecé a notar más presión sobre mí, y a dificultarme todavía más las faenas, que requerían de un buen ambiente para generar el trabajo en grupo, y corregir los desequilibrios que se producen durante las diferentes fases de la producción. Esto hacía que cada vez tuviera que poner un poco más de mi parte, cada día un poco más, porque los compañeros de alrededor tampoco veías que tuvieran intención de ayudarte, entre otras cosas porque quizá ni sabían como hacerlo, sólo podían ver a un hombre serio, trabajador y que sufría. Me encontraba sólo, muy sólo. Cada día me exigían un poco más, cada día asumía nuevos criterios de calidad, no tenía fin. Por otro lado esto me permitía olvidar lo que me estaba ocasionando tanto daño, el imposible de volver a Seat, si bien por otro lado me preguntaba, Dios Mio que es lo que he hecho para verme así. No puedo actuar sobre las decisiones que me perjudican en mi trabajo y que sé de como solucionar, tan sólo puedo luchar desde mi puesto de trabajo por superar este reto diario, de librar una batalla más, intentando salir lo más airoso posible, sin llegar a conseguirlo, porque después de la dura jornada laboral reflexionas sobre las cosas que podías haber hecho mejor, o buscas en donde has fallado para no repetirlas, y te llevas toda esa frustración de vuelta a casa. Mientras te aproximas al reloj de fichar ves a compañeros que se incorporaron recientemente y que han perdido peso de forma considerable, en algunos casos físicos con una delgadez extrema, personas que arrastran los problemas del día a día, que no están tranquilas por la inseguridad de si mañana los volverán a llamar, y como yo, insatisfechas por haberlo dado todo, sin resultado positivo, siendo incluso recriminado en algún momento por el Jefe de Equipo. Todo propio de una mala gestión debida en gran parte a la inexperiencia, y por otro lado para mantener y alimentar los egos de personas que ocupan cargos por el mero hecho de ostentar una posición y poder, que sin embargo no están preparadas para cubrir esa plaza.

Uno de los días, fui provocado por uno de estos jefes de equipo que mostraba ante mí su aptitud chulesca, a la par que sus carencias e incompetencia, esto me llevó a realizar ante él unos ejercicios de estiramientos, para relajarme y evitar entrar en el enfrentamiento. Pero esto le resultó como una ofensa y lo puso en manos de la Dirección. Ante ella me llevaron para pedirme explicaciones de ese acto y de otro pequeño altercado que le habían chivado, nada un día de los que la faena iba mal, una de las puertas de rechazo la hice volar, como si de un bumeran se tratase, pero no retornó, la recogió el que supuestamente se chivó, mientras se reía de mi desesperación. En esta reunión recibí una serie de reproches que arrojaron sobre mí, hasta concluir con que se habían arrepentido de haberme hecho contrato de empresa indefinido. Haciendo el máximo de esfuerzos por vencer la humillación que estaba recibiendo, les pedí por favor que me dieran otra oportunidad, que cambiaría mi comportamiento, y le daba las gracias por no ejecutar el despido que veía ya inminente.

Con el Síndrome de Estocolmo, del quien tiene secuestrada su alma, me incorporé de nuevo entre mis compañeros con una actitud súper relajada, y comentaba con alguno de ellos cuando me preguntaban que me habían dicho:

—No sé, pero se me ha quedado el cuerpo como si acabara de salir de un Spa, estoy nuevo.

—Jua, jua.

Afrontando esta nueva etapa, desactivado y despojado ya de cualquier motivación, enfrentaba los días más tranquilo y sereno, sin dejar de correr un poco más y de seguir corrigiendo esos desequilibrios que se daban durante la producción, sin motivación pero arrastrado por la propia inercia adquirida durante estos últimos años, sin saber como, pero seguía ejerciendo y mostrando esa voluntad.

Mientras tanto nacía desde dentro de mí una esperanza de vida, que no estaba en este lugar, el cuerpo me pedía, dejarlo todo y aislarme hasta el lugar más tranquilo del planeta. Me seducía la idea de retirarme al confín del pueblo de donde remanecen mis padres, Rubite, del que ya he hablado, pero que no me importa recordar. Situado en la Alpujarra baja de Granada, en la cara que da al mar, un lugar muy aislado, con menos de 100 habitantes, en donde puedes disfrutar del aire de Sierra Nevada, contemplando la nieve sobre los picos del Veleta y Mulhacen, y cuando cambia el viento recibir la brisa del mar alejado en el horizonte a 10 kms. Ese era el lugar ideal, y la idea en mi cabeza iba tomando forma y madurando, hasta el punto que ya lo empezaba a comentar con la familia. Entendía que me estaba convirtiendo en una persona que sufría y hacía sufrir a los que le rodeaban, por eso empezaba a estar más que dispuesto a que si me daban un empujón, dar el paso.

Mientras, llegaba la muerte de mi suegro, al que fuimos a despedir viajando hasta Granada. Con 77 años nos dejó su legado, el de una gran persona, trabajadora y honrada, sacrificada por los suyos, querido por todos. El pueblo acudió en masa a despedirlo en la santa misa que fue celebrada en su honor. Mientras sacábamos su féretro desde la iglesia al coche fúnebre, a hombros de sus dos hijos y de los dos yernos, las lágrimas y los espasmos de emoción recorrían todo mi cuerpo, de ver lo que había sido querido y admirado por todos los familiares y vecinos del pueblo, que desde la iglesia hasta el coche a unos 100 metros ocupaban la calle a un lado y otro, viendo su cuerpo pasar por última vez. Fue sin duda un gran hombre. Y hoy aún después de unos años cuando recuerdo esos momentos me sigue embargando la emoción.

Eran días tristes, malos tiempos, inmersos en una crisis económica, pero sobre todo de valores, las cosas seguían de mal en peor.

Poco después a mi mujer le diagnosticaron fibriomialgia, en los 18 puntos de su cuerpo, del máximo grado. Con dolencias y fatiga muscular, que le impedía hacer vida normal. Adquirida según los últimos informes por expertos que estudian el motivo de su origen, posiblemente por algún trauma que no ha podido depurar, y que como la muerte de su padre, también haya sido afectada por mi despido, algo que a día de hoy no hemos superado y que produjo un profundo dolor en toda la familia. Estos trastornos emocionales en los casos de las personas que padecen esta enfermedad, se manifiestan con dolencias musculares. Un mal que para ser paliado requiere una vida lo más sosegada y tranquila posible.

Con este nuevo contratiempo, y con las cosas de mal en peor en el trabajo, tomé la decisión de abandonar. Me fui al médico, le pedí que me diera la baja por depresión, fui a entregarla al trabajo, y de allí me dirigía a Seat, para hablar con mi mujer, que estaba a turno de mañana, no quería esperar siquiera a que acabara el turno, quería darle la noticia en el lugar que nos había visto formar una familia y que ahora estaba poniéndole fin. Subí las escaleras hasta llegar al control de los vigilantes, y allí le pedí insistentemente a uno de ellos que fueran a buscar a mi mujer, que le tenía que comunicar algo importante. Sólo faltaba media hora, pero le insistía que era muy importante, era un motivo familiar. Al cabo de unos 10 minutos llegó un coche del que se bajó Pilar:

—¿Que pasa Mateo?

—Nada, tranquila

—Dime que és, que me estás asustando.

—Nada Pili, que he cogido la baja por depresión, y no quiero que sigáis sufriendo conmigo. Quiero que nos separemos, y que puedas emprender tu vida. Quería sellarlo con este acto, la empresa que nos vio crecer estos últimos años juntos, y que ahora nos está destruyendo, es el lugar idóneo para refrendar este momento.

Se acercaban las fechas de las navidades, era el último día de cole de nuestra pequeña, y faltaba ella y la mayor por comunicárselo. Fuimos esa tarde los dos juntos en el coche a buscar a Alba, sin decir una palabra.

—Hola Alba.

—Hola mamá, que bien ya se acabó el cole. ¿Cuándo salimos para Granada?

Pili y yo, nos miramos un instante. Y le contesté yo.

—Alba pues mañana, como teníamos previsto.

—Que bien, que ganas tengo de ir para ver a los primos.

Después de dejarlas en casa, me fui corriendo al médico para que me diera de nuevo el alta. No me había dado tiempo a faltar al trabajo, iba a turno de noche y me dio tiempo a corregir el mayor error que estuve a punto de cometer en mi vida. Pude seguir con mi trayectoria impecable, de no haber faltado ni un solo día al trabajo, ni de llegar nunca tarde, como un fiel servidor de la empresa, igual que lo hice cuando estaba en Seat.

Capítulo XIII
El renacido

Con la situación familiar estabilizada de nuevo, una tarde que nos encontrábamos reunidos los 4 sentados a la mesa, escuchando y viendo las noticias, escuchamos una de ellas por boca del locutor.

—Atentos a esta noticia, la Multinacional de la marca Volkswagen, ha sido denunciada por el gobierno de los EE UU. de haber trucado sus motores para poder cumplir con la normativa de emisiones de este país, y así poder introducirse en este nuevo mercado. Lo más curioso es que VW a reconocido dicho fraude, sin ninguna otra objeción.

Y seguía diciendo.

—El sistema consistía en un sofisticado software desarrollado por un equipo de ingenieros que permitía que los coches sometidos a futuros controles de ITV, al detectar que la sonda de lectura de gases se introducía en el tubo de escape, automáticamente se conectara una válvula para retener el exceso de humos, los cuales eran expulsados después de que el coche empezara de nuevo a rodar. Con tal fin se conseguía cumplir con la homologación y por tanto superar la ITV.

Dios mío, mi carta de despido fue a raíz del escrito que envíe a la empresa, con motivo de uno de los coches que no había superado la ITV por no cumplir una de sus homologaciones, que sin ser exactamente los mismo, el hecho que uno de sus empleados, del que sabían que tenía una actividad de ventas y temas relacionados con homologaciones e ITV, además que coincidió que mi despido fue en el mismo año que se comenzaron a montar los motores trucados, en el 2009, pues blanco y en botella. Por buscar un símil, me pararon en la frontera con una partida de tabaco negro ilícito sin yo saberlo, mientras que por la otra vía estaban colando partidas de tabaco rubio, quitándose desde el principio y de raíz un tonto que podía en un futuro intentar pasar también tabaco rubio y les acabara descubriendo el pastel. Si hasta la fecha nunca había sabido cual fue la causa real de mi despido, y las circunstancias tan extrañas que lo motivaron, ejecutado bajo absoluto secretismo, con innumerables esfuerzos realizados para volver sin éxito, todo envuelto en un extremado hermetismo, esta teoría cogía fuerza y pesaba mucho más que cualquier otra. Así que de nuevo manos a la obra.

—pastillas de freno —a toda pastilla— salpicadero— empieza mi pesadilla... no puedo parar parar parar.

Comencé por entrar en los medios de difusión más al alcance, como Facebook, publicando esta carta con la que empiezo este libro.

Las malas prácticas de Wolkswagen

Quisiera llegar con esta carta a algún medio de comunicación para que con mi historia abramos una carpeta y desvelar el coste que puede tener trabajar hoy día para esta multinacional.

Soy un trabajador que lleva 32 años vinculado al mundo de la automoción, muy especialmente al de Seat y por ende a la Wolkswagen. Actualmente estoy trabajando para una de las empresas proveedoras de Seat-VW.

No quisiera en un día como el de hoy, en que la Wolkswagen ha quedado a la altura de un vulgar compraventa que toca los kilómetros de sus coches para obtener mayor beneficio, que mañana hayamos todos pasado página. No por favor en este mundo hay muchas cosas que explicar y que están pasando desapercibidas. Wolkswagen puede que no haya llegado hasta aquí por mera casualidad, sino por una trayectoria de una disciplina que haya venido aplicando en estos últimos años, y que se refleja muy bien con historias como la mía, por ejemplo, en la que fui despedido de Seat por solicitar una información sobre la homologación de uno de los coches que me había vendido, ahora lo entiendo, estaban por otras cosas (montar motores trucados). Después de 21 años, siendo un buen trabajador, bien formado y buen profesional, un trabajador que colaboró con el crecimiento y desarrollo de esta empresa, y que un día sin previo aviso fue despedido de la manera más vil.

Es posible que alguno de los trabajadores, estén expuestos en un futuro a enfermar en las cadenas de montaje por falta de inversión en ergonomía, aumento de los ritmos de trabajo y falta de rotación.

Multinacionales como el Grupo Wolkswagen, siempre son ejemplo de modelo a seguir por muchas empresas. Hoy fabricar un coche puede tener un coste social y laboral muy alto. Existe el riesgo de fomentar la colocación en los mejores puestos a los amigos de los amigos, de que algunos trabajadores queden abocados a futuras bajas prolongadas por enfermedades laborales contraídas en los procesos productivos y que a veces desembocan en enfermedades mentales, que los trabajos más precarios se sigan externalizando a las empresas proveedoras y finalmente que aumente el trabajo temporal para cubrir las bajas temporales, prolongadas y definitivas.

Si algún medio decidiera hacerse eco de todos estos temas, permitiría abrir una puerta para poder analizarlos y estudiarlos más en profundidad.

No tardaba en recibir numerosas muestras de apoyo, que me daban el aliento necesario para enfrentarme a un nuevo envite. Tenía que conseguir que mi caso se hiciera público, y dar a conocerlo a la sociedad.

Comencé a contactar con los diferentes medios de comunicación, audio visuales y escritos, escribiendo y asistiendo a las redacciones de numerosos de ellos, los de más audiencia. Aunque el caso les llamaba la atención, y mi presencia denotaba algo que si podía ser noticia, por otros lado veía en sus caras la incredulidad de cómo alguien por cuenta propia podía llevar una historia de tal calibre. Pero sin pasar por ningún filtro e irrumpiendo de esa forma en sus casas, no veían la forma de lanzar o mover una historia como la mía, que como alguna redactora me llegó a decir, sí que podía ser noticia, pero que ahora no tocaba, no era el momento, estaban muy liados con el tema de la independencia en Cataluña, por ejemplo, u otros, simplemente no querían entrar en profundidad.

Escribía mensajes a los diferentes medios, de este tipo:

—Quiero denunciar que en esta trama pueden haber muchos más directivos implicados y que hayan sido cómplices durante años. Yo fui despedido de Seat a raíz de un correo que les envié informándoles sobre uno de los coches que me habían vendido y que no superó las pruebas de la ITV por no cumplir con una de las homologaciones.

—¿Cómo vamos a cambiar todo esto? Está difícil, porque el poder que acaparan unos pocos es grande y la unión entre ellos es más fácil. Pero por otro lado esta mediocridad con la que se pasean por el mundo será lo que finalmente les pase factura. Si ellos han conseguido darle la vuelta a todo esto poniendo el mundo al revés, ¿no vamos a ser capaces la mayoría de retornar todo a la normalidad?, sólo tenemos que ser capaces de descubrir dónde están las personas capaces de pilotar esto, y que lo puedan hacer honestamente con el apoyo de la mayoría.

—A todos los que habéis sido partícipes de este gran engaño, no os deseo que en un futuro paséis la mitad del sufrimiento y padecimiento que yo he vivido después de ser despedido de Seat, porque la mayoría no podríais resistirlo.

O denunciando a través de uno de los bufetes de abogados más prestigiosos de la nación por su implicación en los casos de altura y de envergadura.

20-oct-2015

Hola, buenas tardes, me dirijo a ustedes a través de este correo para arrojar algo más de luz al escándalo de Volkswagen. Les adjunto esta mismo correo y 4 archivos más que hacen sospechar la existencia de responsabilidades civiles y penales por parte de la dirección de Seat S.A. Les pongo en antecedentes.

En el año 2009, cuando VW comenzaba a instalar los motores trucados yo fui despedido siendo trabajador de Seat después de 21 años en unas circunstancias muy extrañas, ya que mi expediente era impecable y estaba muy integrado en la empresa al proceder de una saga familiar que empezó en el año 1957 cuando ingresó mi padre con la fabricación del Seat 600.

El motivo del despido fue a raíz de un correo que envié a Seat informándoles sobre uno de los coches que me había vendido y que no supero las pruebas de la ITV al no cumplir con una de las homologaciones.

Me acusaron de querer aprovecharme de una garantía que no me correspondía y de estar lucrándome con alguno de los coches de ocasión que al igual que yo adquirían otros.

Nunca entendí el porqué de este despido, aunque si lo relacionaba con que había hecho algo que les molestaba e inquietaba y la mejor solución para la empresa era apartarme de ellos de una manera fulminante. Viendo ahora lo que por aquellas fechas ya se traían entre manos, la verdad es que me cuadra todo bastante. Por eso quiero que esto se pueda denunciar e investigar.

Decidles también que yo pertenecía al cuerpo de Técnicos y que todos, absolutamente todos los materiales y componentes son analizados al detalle, con multitud de ensayos y pruebas, de corta y larga duración, como en cualquier empresa de este sector. Por tanto los datos de las emisiones alteradas es más que probable que estén registrados en alguno de sus departamentos.

Quiero que sepan también que desde la fecha de mi despido no he cesado en el intento de que alguien me explicara la verdad y el porque de mi despido, picando en todas las puertas posibles, Presidente anterior de Seat, el Sr. Jürgen, Recursos Humanos, sindicatos, abogados, tribunales, políticos, incluso he podido contactar con la oficina de la Casa Real, teniendo respuesta por escrito, pero todo se ha desvanecido y con ello se han frustrado todas mis esperanzas de encontrar la verdad y de poder algún día recobrar mi condición de trabajador de SEAT.

Espero contar con la colaboración de este sindicato o que me ayuden para acudir a alguno de los tribunales, fiscalía, juzgado de guardia, etc.

Quedo a su entera disposición a través de este correo o del tf. 663 548 **XXX.**

Gracias por atenderme y por ser pacientes con este largo escrito.

Un cordial saludo.

Fdo: Mateo Frías González

Pobre de mí. Cuando me entero que uno de los bufetes con el que me puse en contacto, salía a la palestra meses después con esta noticia.

Manos Limpias y Ausbanc urdieron otro 'pelotazo' con las emisiones de Volkswagen

Las intervenciones telefónicas revelan que Ausbanc y Manos Limpias ya habían iniciado acciones judiciales y campañas difamatorias para tratar de extorsionar al fabricante alemán

La operación de la **Unidad de Delincuencia Económica y Fiscal (UDEF)** de la Policía Nacional del pasado 15 del abril abortó el último gran pelotazo que habían urdido Manos Limpias y Ausbanc. Las intervenciones telefónicas incorporadas al sumario prueban que sus máximos responsables pusieron en marcha procesos judiciales y campañas difamatorias contra el grupo Volkswagen con el único objetivo de forzar al fabricante alemán a pagarles una gran suma de dinero a cambio de su silencio. El mismo procedimiento que utilizaron con Unicaja para salvar a su presidente, Braulio Medel, en el caso de los ERE y, también, con CaixaBank y Sabadell para desimputar a la **infanta Cristina** en el caso Nóos.

La extorsión al grupo Volkswagen se puso en marcha el pasado septiembre, seis meses antes de que se desencadenara la operación de la UDEF dirigida por la Audiencia Nacional. Solo unos días después de que el fabricante alemán reconociera que varios modelos vendidos en territorio nacional estaban afectados por el fraude de las emisiones, el sindicato de funcionarios Manos Limpias presentó una querella contra los máximos responsables de la marca en España. La Fiscalía apoyó la querella y fue admitida a trámite en la Audiencia Nacional.

Ya más seriamente formalicé la denuncia, a través del Juzgado de Guardia, previa consulta con la Guardia Civil por si podía ser un caso de su competencia, con un texto muy parecido al anterior:

21-oct-2015

Yo Mateo Federico Frías González, con DNI 38XXX407R, me dirijo a ustedes para solicitar una investigación y que se abran diligencias a la empresa Seat S.A. porque tengo una prueba que hace sospechar la más que probable existencia de responsabilidades civiles y penales por parte de la dirección, al ser conocedora, y por tanto cómplice de su matriz Volkswagen, sobre el fraude y estafa cometidas con la instalación del software manipulado en sus motores, para cumplir con la homologación de gases contaminantes. Les pongo en antecedentes.

En el año 2009, cuando VW comenzaba ha instalar los motores trucados, yo fui despedido siendo trabajador de Seat después de 21 años, en unas circunstancias muy extrañas, ya que mi expediente era impecable y estaba muy integrado en la empresa al proceder de una saga familiar que empezó en el año 1957 cuando ingresó mi padre con la fabricación del Seat 600.

El motivo del despido fue a raíz de un correo que envié a Seat informándoles sobre uno de los coches que me había vendido y que no superó las pruebas de la ITV al no cumplir con una de las homologaciones.

Me acusaron de querer aprovecharme de una garantía que no me correspondía y de estar lucrándome con alguno de los coches de ocasión que al igual que yo adquirían otros.

Nunca entendí el porqué de este despido, aunque si lo relacionaba con que había hecho algo que les molestaba e inquietaba y la mejor solución para la empresa era apartarme de ellos de una manera fulminante. Viendo ahora lo que por aquellas fechas ya se traían entre manos, la verdad es que me cuadra todo bastante. Por eso quiero que esto se pueda denunciar e investigar.

Decidles también que yo pertenecía al cuerpo de Técnicos y que todos, absolutamente todos los materiales y componentes son analizados al detalle, con multitud de ensayos y pruebas, de corta y larga duración por tanto los datos de las emisiones alteradas es más que probable que estén registrados en alguno de los departamentos.

Otra sospecha es que a día de hoy Seat S.A. no haya presentado ya una denuncia contra Volkswagen por ser utilizada para instalar el dispositivo fraudulento.

Quiero que sepan también, que desde la fecha de mi despido no he cesado en el intento de que alguien me explicara la verdad y el porque de mi despido, picando en todas las puertas posibles, Presidente anterior de Seat, el Sr. Jürgen, Recursos Humanos, sindicatos, abogados, tribunales, políticos, incluso he podido contactar con la oficina de la Casa Real, teniendo respuesta por escrito, pero todo se ha desvanecido y con ello se han frustrado todas mis esperanzas de encontrar la verdad y de poder algún día recobrar mi condición de trabajador de SEAT.

Quedo a su entera disposición.

Fdo: Mateo Federico Frías González

Del único que pude tener respuesta fue de este juzgado, que a los pocos días me respondía así:

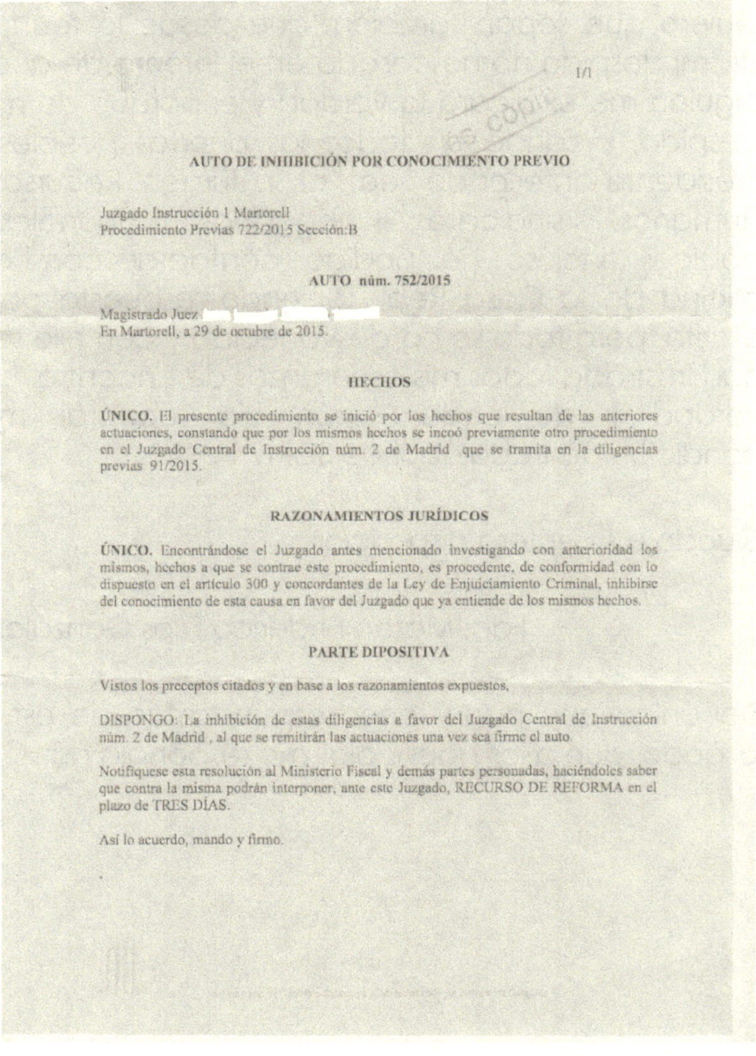

1/1

AUTO DE INHIBICIÓN POR CONOCIMIENTO PREVIO

Juzgado Instrucción 1 Martorell
Procedimiento Previas 722/2015 Sección:B

AUTO núm. 752/2015

Magistrado Juez [redacted]
En Martorell, a 29 de octubre de 2015.

HECHOS

ÚNICO. El presente procedimiento se inició por los hechos que resultan de las anteriores actuaciones, constando que por los mismos hechos se incoó previamente otro procedimiento en el Juzgado Central de Instrucción núm. 2 de Madrid que se tramita en la diligencias previas 91/2015.

RAZONAMIENTOS JURÍDICOS

ÚNICO. Encontrándose el Juzgado antes mencionado investigando con anterioridad los mismos, hechos a que se contrae este procedimiento, es procedente, de conformidad con lo dispuesto en el artículo 300 y concordantes de la Ley de Enjuiciamiento Criminal, inhibirse del conocimiento de esta causa en favor del Juzgado que ya entiende de los mismos hechos.

PARTE DIPOSITIVA

Vistos los preceptos citados y en base a los razonamientos expuestos,

DISPONGO: La inhibición de estas diligencias a favor del Juzgado Central de Instrucción núm. 2 de Madrid, al que se remitirán las actuaciones una vez sea firme el auto.

Notifíquese esta resolución al Ministerio Fiscal y demás partes personadas, haciéndoles saber que contra la misma podrán interponer, ante este Juzgado, RECURSO DE REFORMA en el plazo de TRES DÍAS.

Así lo acuerdo, mando y firmo.

Y meses después saltaba esta noticia.

La Audiencia imputa a Volkswagen por el fraude de los motores trucados

El juez Moreno investiga a la matriz de la marca alemana por delitos de defraudación, fraude de subvenciones y contra el medio ambiente

La Audiencia Nacional ha imputado a Volkswagen AG, la matriz alemana del grupo automovilístico, por el presunto trucaje de sus motores diésel. El juez Ismael Moreno ha declarado como investigada a la sociedad por los delitos de defraudación que perjudica a una generalidad de personas, fraude de subvenciones y delito contra el medio ambiente. El magistrado, en un auto, ordena la comunicación a la cúpula del grupo de la existencia del procedimiento penal y que designe representantes legales en la causa. Para ello, la Audiencia Nacional expedirá una comisión rogatoria a las autoridades judiciales de Alemania.

La causa que se investiga en los juzgados centrales de instrucción, se inició a raíz de varias denuncias presentadas poco después de que estallara el caso de los motores diésel manipulados, entre las que se incluyen las de la Asociación Internacional Antifraude para la Defensa de Afectados por Motores Volkswagen y del sindicato Manos Limpias.

La investigación judicial se centra en la presunta manipulación de determinados motores diésel de cuatro cilindros. El trucaje se pudo realizar con la instalación de un programa informático que detecta cuándo un vehículo se encuentra en un banco de pruebas, para reducir sus emisiones contaminantes dentro de los parámetros exigidos por la normativa medioambiental. Según el relato del juez, el fabricante, para lograr fabricar un motor que consumiera poco, mantuviera gran potencia y al mismo tiempo no desprendiera gases por encima de los límites legales, introdujo un software capaz de detectar cuándo un vehículo estaba siendo testado, de manera que en ese momento de sometimiento a control, tuviera un funcionamiento menos eficiente y, por consiguiente, menos contaminante.

El juez asume el informe enviado por el fiscal, que solicitaba que se declarara como investigado al grupo alemán. El Ministerio Público se basaba en lo esgrimido por el representantes de Volkswagen-Audi España en su comparecencia ante el juez, en la que aseguró que los motores afectados los fabrica Volkswagen AG en Alemania. El Ministerio Público también se apoyó en la documentación aportada por el Ministerio de Industria sobre las sociedades de SEAT afectadas por estos hechos. Según el fiscal, debe ser la empresa radicada en Alemania la que responda por una posible responsabilidad penal como "existen elementos que permiten indicar que Volkswagen AG y Seat, S.A. no actúan en el mercado cual compartimientos estancos, sino que aquella mantiene de hecho la dirección de sus actuaciones, cual correa de transmisión directa sobre ésta".

En su informe, la fiscalía advirtió que, de ser cierta la información sobre los motores diésel del grupo Volkswagen, "los vehículos afectados, en condiciones normales de funcionamiento, están emitiendo gases contaminantes muy por encima de los límites permitidos (podrían superar en 40 veces dicho máximo), lo que les inhabilitaría para circular, con el consiguiente perjuicio para su propietario.

Más Información

¿Cómo lograba Volkswagen hacer trampas en las pruebas a sus coches?

Las claves del escándalo Volkswagen

"La hemos cagado por completo", dice el jefe de Volkswagen en EE UU

Bueno, si con algo pude colaborar para que se investigue, ya se verá. Pero a día de hoy, sigo sin encontrar consuelo ni amparo, para tanta desesperación. No se ya que hacer, a donde ir, a quién dirigirme, lo he probado todo, he hecho todo lo que podía hacer, todo lo que está en mi mano y más, para que se sepa la injusticia que recayó sobre mi ese fatídico 9 de julio del 2009. ¿Qué maldición ha caído sobre mí? ¿Qué es lo que he hecho mal? ¿Qué es lo que estoy haciendo mal? Estoy sólo, más sólo que nunca.

Solo me queda seguir luchando por lo que tengo, enterrar la cabeza en la empresa que por suerte aún me da cobijo, y seguir trabajando duro, cada día un poco más y mejor. Sin carga de trabajo, sometido a las órdenes y caprichos del capataz, trabajar sin límite, con un esfuerzo indefinido, solamente cortado por tus propias limitaciones físicas y mentales a las que tienes que sobreponerte cada día para poder vencer y seguir cubriendo las exigencias de tus manda más. Sí, tengo la suerte de contar todavía con un trabajo, precario y en el que puedo cobrar la mitad de lo que cobraba en el antiguo, ya tan lejos en el recuerdo. Bienvenidos a la esclavitud del siglo XXI.

Dios mío sólo necesito un loco como yo para empezar a cambiar esto.

Si señor mis plegarias fueron escuchadas y atendidas como se merecían, dicho y hecho, al día siguiente apareció en mi vida un compañero que vendría a poner las bases para intentar formar un nuevo sindicato.

Con estos pensamientos quiero cambiar el mundo que conozco, el de la automoción. Desde sus mismas entrañas, pretendo empezar a cambiar las cosas, eliminando los riesgos de que fabricar un coche pueda tener un coste social elevado. Un producto del que puedo dar fe, que es de las cosas mejores a las que se puede dedicar uno, como yo lo he hecho, fabricando y vendiendo. La experiencia que he adquirido para mi resulta de lo más gratificante.

Capítulo XIV
Como funcionan en general algunas de las multinacionales del sector

Quiero aclarar, que en este capítulo me referiré a las multinacionales de forma genérica, poniendo el prisma desde la empresa en la que trabajo actualmente, que también pertenece a una gran multinacional, que trabaja para el grupo VW entre otros, y de la que en este caso no he desvelado su nombre, para no incurrir en daños a su honor e imagen. Pero esto a la vez me ha permitido y me permite hablar con más libertad.

Las multinacionales, han desarrollado su tecnología e ingeniería propia. Las centrales se encuentran ubicadas en los países más avanzados en la industria de la automoción. Con este elevado nivel tecnológico, se han ido introduciendo en los mercados, formando parte del accionariado de las marcas de otros países y englobándolas en su matriz.

Su estructura está basada en el desarrollo de nuevos modelos, para los que cuenta con los mejores ingenieros y personal cualificado. La fabricación de estos modelos se ensamblan o montan en las fábricas de cada marca, y los componentes y elementos móviles que necesitan de más elaboración y mano de obra, lo externalizan a empresas proveedoras que ofertan sus presupuestos para fabricar los distintos componentes, previo precio de salida dado por la matriz, calculado sobre unos precios competitivos de mercado y con un margen lógico de beneficio. Normalmente son más de dos de las grandes empresas las que ofrecen sus presupuestos, a la baja, para poder quedarse con el proyecto, este sistema hace que el mejor postor siempre, como norma general, sea el que ha dado el precio más bajo y ajustado.

Una vez queda adjudicado este nuevo proyecto a un proveedor, la empresa deberá conseguir el máximo de eficiencia y rendimiento del componente a fabricar. Esto requiere de un sistema muy bien engranado, bien organizado y de personal muy cualificado y profesional, para poder obtener una planta rentable y productiva. Esto desgraciadamente no viene a ser así porque desde el primer momento de la fabricación, primero este personal necesario ya está ocupado en los puesto más estratégicos de los respectivos fabricantes y segundo que las inversiones en maquinaria e instalaciones, pronto dejan ver que los números iniciales ya están próximos a lo que representará unas futuras pérdidas. Una vez asumido el error, sólo queda comenzar a fabricar y dar cobertura al cliente cumpliendo con el compromiso adquirido. Lo siguiente es obtener la producción diaria con un alto nivel de exigencia de la calidad del producto, que va subiendo de forma gradual. Si el material que espera recibir el cliente, no llega por cualquier circunstancia, y afecta a la vez a la producción de este, el proveedor es penalizado con una sanción económica importante, por cada coche que se ha dejado de hacer. Al igual sucede con la calidad, si algún material ha producido un rechazo en la producción del cliente, se calcula el coste y se carga directamente al proveedor.

A la vez las plantas proveedoras están sometidas a permanentes auditorias internas y externas, para garantizar que las cosas se están haciendo bien, proponiendo mejoras a realizar, con posteriores revisiones. Y ya por último a cada proveedor se le evalúa de forma que si no obtiene una buena nota, sabe que no podrá optar por los próximos proyectos

Finalmente entra el factor humano, para el que ya no quedan más recursos, para invertir en temas organizativos, de ergonomía para mejora de los puestos de trabajo y acondicionamiento de las instalaciones, al ser plantas volátiles que están garantizadas sólo por los 5 años que suele durar la fabricación del modelo.

Tampoco suele existir un sindicato que vele por los intereses reales de los trabajadores, y su presencia es meramente testimonial y de requisito legal para que las empresas puedan adoptar las medidas en cada momento que estimen oportunas con el consentimiento y firma legal de los representantes sociales.

Esto ocasiona una tremenda desprotección del trabajador, que se enfrenta a máquinas y cargas de trabajo sin optimizar, en las que no tienen establecido un método de trabajo y el tiempo en que realizarlas, sólo se le exige una labor y calidad, que convierten los puestos de trabajo en un esfuerzo sin fin, sometido a un permanente estrés y sujeto a la responsabilidad de que si no cumples con la tarea encomendada puedes ser sancionado o despedido.

Por los mismos puestos de trabajo están compitiendo, personal de plantilla y trabajadores de empresas de trabajo temporal (ETT'S), que se incorporan paulatinamente para cubrir las bajas, esto se convierte en una lucha feroz por conseguir la aceptación de los superiores, se esmeran al máximo para afianzarse y agarrarse a ese puesto, con el fin de que al siguiente día los vuelvan a llamar. Claro el grado de motivación y de superación hace que los puestos de trabajo estén sometidos a una evolución que no tiene fin y que depende muy mucho de la persona que haya pasado por ellos, lo que eleva el listón cada día un poco más, y hace que la empresa vea un verdadero filón en esa forma de proceder, omitiendo la necesidad de hacer cualquier inversión más para optimizar el proceso y sus instalaciones, con el beneplácito de los miembros del comité de empresa que se convierten en sus mejores y fieles seguidores, no en vano tienen unos privilegios y protección que les permite disfrutar en su cargo y que los aleja claramente de la realidad del día a día, siendo incapaces de transmitir cualquier tema laboral con un mínimo de rigor y seriedad a la empresa.

Lo que finalmente sucede con todo este sistema, es que la plantilla nunca está estabilizada, es imposible conseguir formar grupos de trabajo con el que se puedan amortiguar y corregir los desequilibrios del proceso, siendo lo contrario, una lucha individual por ver quién es el mejor. Todo esto acaba con una permanente rotación en los puestos de trabajo, bajas prolongadas, enfermedades laborales y en general un elevado absentismo. Consentida por todos, por los mismos trabajadores que aceptan las condiciones, sin revelarse ante ellas de ninguna manera, por temor a perder el puesto de trabajo, seguido por los sindicatos, incapaces de motivar y velar por que los pocos derechos del trabajador sean representados y defendidos, para como mínimo trabajar en condiciones dignas, sobre eso no hay todavía ninguna reforma laboral que la haya abolido, por la empresa que ya le va bien así, a pesar de que presenta un profundo desconocimiento si es que piensa en un futuro y finalmente para los gobiernos que están alojados y descansando en la mera estadística de los números del paro, sin entrar el detalle del coste real económico y social que está representando este sector en las arcas públicas.

Si se hiciera un estudio en profundidad, se podría comprobar, si realmente estas empresas siempre favorecidazas y protegidas por las administraciones públicas por ser uno de los motores de la economía, antes directamente con subvenciones y ahora abocando a trabajadores a la Seguridad Social, con bajas prolongadas relacionadas con la salud física y mental, son hoy día más deficitarias que antes. Si a todo esto le sumamos el coste que ha tenido para la salud pública, el trucaje de los motores, para poder emitir más de lo permitido, a sabiendas que miles de personas enferman y mueren al año por la contaminación ambiental. Quizá sería el momento de plantearse un cambio de filosofía, y empezar a hacer las cosas de otra mejor manera.

Sobre esto último quiero destacar otra de las noticias de uno de los columnistas de la revista Tribuna.

Samuel Martín-Sosa Rodríguez

¿Por qué ha sido posible un atentado como el de Volkswagen?

No se trata de un cúmulo de coincidencias que han permitido a la compañía escapar a los controles, sino que estamos ante un problema estructural relativo a la ausencia de supervisión a la industria

Cuando en la Unión Europea (UE) tenemos cerca de 450HYPERLINK "http://www.euractiv.com/sections/transport/diesel-machines-need-cleanest-technology-relieve-our-choking-cities-315091".000 muertes prematuras sobre la mesa a causa de la contaminación atmosférica, hay que llamar a las cosas por su nombre. Y cuando además el transporte es el sector que más ha crecido en emisiones de CO_2 en el continente, contribuyendo a un imparable cambio climático que, de no cambiar las cosas, podría situar la temperatura media de la Tierra hasta cerca de cinco grados por encima de los niveles preindustriales, quizás no sea descabellado calificar el engaño de Volkswagen de atentado. Contra la salud pública, contra el medio ambiente y contra el clima. Pero, recuperados del estupor inicial, cabe preguntarse cómo es posible que se haya producido un situación semejante. Si escarbamos un poco, veremos que no se trata de un cúmulo de coincidencias y carambolas que han permitido milagrosamente a la compañía alemana escapar durante años a los controles, sino que estamos en cambio ante un problema estructural relativo a la ausencia de supervisión a la industria. El caso Volkswagen es apenas la punta del iceberg.

No conviene olvidar que el escándalo saltó a la luz por la investigación llevada a cabo al otro lado del Atlántico. El fraude se hizo público en septiembre de este año, tras más de año y medio de investigación y de negociación con la empresa por parte de organismos reguladores estadounidenses. Es importante resaltar que la información que propició la investigación fue un estudio de una ONG dedicada a temas de transporte, el International Council of Clean Transport (ICCT). En un ambiente crecientemente desregulado es cada vez más importante la labor de las ONG y la sociedad civil en general a la hora de dar la voz de alarma frente a los desmanes de la industria, lo que ya de partida habla bastante mal de la capacidad y voluntad de control de los gobiernos. Aunque se han apuntado interesadas razones de índole comercial tras el destape del escándalo, lo cierto es que, de no haber salido el tema a la luz pública, aún hoy seguiríamos engañados, pues como veremos no existe **ningún tipo de control rutinario que pudiera haberlo descubierto**.

Los mandatarios de Volkswagen fueron advertidos de la ilegalidad tanto por parte del propio fabricante del software (Bosch), como por técnicos de la propia empresa. Hasta ahí el engaño queda circunscrito a la marca alemana. Lo que hace sospechar de la existencia de un problema estructural en el sistema de control es el hecho de que la Comisión Europea fueHYPERLINK "http://blogs.wsj.com/brussels/2015/09/25/the-vw-scandal-how-much-did-the-european-commission-know/"raHYPERLINK "http://blogs.wsj.com/brussels/2015/09/25/the-vw-scandal-how-much-did-the-european-commission-know/" advertida repetidamente del problema y no hiciera nada. Y, sobre todo, **que tampoco hicieran nada los distintos gobiernos**. Una encuesta realizada recientemente por el 'Financial Times' revelaba que nuestro país, al igual que otros de nuestro entorno, no ha realizado ningún tipo de investigación o inspección para detectar el uso de dispositivos ilegales desde que fueron prohibidos por reglamento en 2007. Y ya se sabe que lo que no se conoce, no existe.

El marco de absoluto favoritismo hacia la industria se apoya también en un sistema de homologación de vehículos abonado para permitir el fraude

Según se denuncia, más allá de los dispositivos ilegales, los propios coladeros "legales" del sistema de control de emisiones afectan no solo a otras marcas, sino también a otros contaminantes, de forma que no deberíamos hablar del #VolkswagenGate, ni tan siquiera del #DieselGate, sino de un #AutoGate generalizado. Este escenario ha sido posible gracias por una parte a **un sistema de control de emisiones fallido** que permite arrojar valores en laboratorio muy diferentes de los reales. Ante las quejas por los fallos de este sistema surgidas al calor del escándalo Volkswagen, los gobiernos de la Unión Europea se han visto obligados a aceleraHYPERLINK "http://www.expansion.com/empresas/transporte/2015/10/28/5630ec5b22601df4528b4573.html"r laHYPERLINK "http://www.expansion.com/empresas/transporte/2015/10/28/5630ec5b22601df4528b4573.html" aprobación de un sistema de medición de las emisiones en condiciones reales de conducción, un proceso que llevaba dilatándose años. Sin embargo, en **una decisión de dudosa legalidad**, el sistema aprobado el pasado 28 de octubre se ha hecho nuevamente a la medida de la industria automovilística, de modo que permite emitir en una primera fase un 110% más de óxidos de nitrógeno (NOx) que el nivel legal vigente, y un 50% de forma permanente a partir de 2021. Realmente es muy necesario que **el Parlamento Europeo rechace de plano esta posición** que sitúa a la sociedad en un plano de absoluta indefensión.

Pero a medida que profundizamos, entendemos que este marco de absoluto favoritismo hacia la industria se apoya también en un sistema de homologación de vehículos abonado para permitir el fraude y evitar cualquier tipo de control. Aunque los Tratados de la UE le otorgan a la Comisión Europea la responsabilidad de vigilar por el cumplimiento de la normativa comunitaria, no existe un organismo europeo independiente que controle los exámenes que pasan lo vehículos, ni Bruselas dispone de un mecanismo que le permita realizar esta labor de control. El sistema europeo de homologación de los vehículos a motor fue diseñado para la inacción, **evitando los controles externos**.

Este sistema otorga todo el poder a las autoridades nacionales de homologación. Dichas autoridades pueden certificar a empresas privadas o a departamentos técnicos de la administración pública para que realicen el proceso. El fabricante de coches puede solicitar la homologación en cualquier país de la UE. Basta con la aprobación del vehículo en un país de la UE para que todos los vehículos de su tipo se matriculen sin más comprobaciones en toda la UE basándose en dicha aprobación. Solo la autoridad nacional del país que otorgó la homologación tiene la competencia para imponer multas, llamar vehículos a revisión, o retirar la certificación llegado el caso, a un vehículo determinado, aunque este circule por otro país de la UE. Incluso, aunque el resto de los 27 Estados miembro de la UE consideraran que es necesaria alguna de estas medidas. Es más, la autoridad nacional de homologación **no tiene ni siquiera que compartir los documentos** de homologación con el resto de autoridades de los demás Estados miembro, ni tampoco existe una base de datos europea que centralice esta información.

Dicho de forma más clara: nadie puede forzar a un país a realizar controles sobre los vehículos que homologa, y no sabemos lo que ocurre en los laboratorios porque no existe obligación de compartir dicha información. Hay que señalar también que las autoridades de homologación reciben **dinero de los fabricantes de coches**, que son los responsables de financiar el proceso, lo que podría comprometer su independencia. Cabe preguntarse si estamos poniendo al zorro a cuidar de las gallinas. A pesar de que en la Unión Europea era un secreto a voces el hecho de que los valores de emisión de laboratorio divergían mucho de la realidad, ninguna autoridad nacional de homologación llevó a cabo ningún examen serio a las marcas y modelos a los que homologaban. Es decir, la impresión general es que las autoridades nacionales de homologación (es decir, los gobiernos) no están realizando **ningún tipo de control externo** sobre las homologaciones que se producen en su territorio.

Nadie puede forzar a un país a realizar controles sobre los vehículos que homologa, y no sabemos lo que ocurre en los laboratorios

Más allá de los controles de laboratorio previos a la concesión de la homologación, realizados sobre el coche especial utilizado para la homologación (el llamado "golden car"), la normativa europea establece la obligación genérica de revisar o llevar a cabo **controles sobre los vehículos ya producidos**, para garantizar lo que la directiva europea denomina la "conformidad de la producción". Sin embargo, no establece ninguna medida particular para garantizar que estos controles se realicen, lo que convierte el texto en papel mojado. En concreto, la directiva europea de homologación establece que "las autoridades competentes o un servicio técnico debidamente cualificado y designado a este fin deben realizar inspecciones periódicas de los fabricantes". En nuestro país la autoridad nacional de homologación es el Ministerio de Industria y cuesta creer que un ministro que dijo no tener constancia de España estuviera afectada por el fraude, para tener que desdecirse dos días después, haya hecho ningún tipo de inspección de este tipo. Y si las ha hecho, sería bueno que lo dijese públicamente.

Por supuesto, ni que decir tiene que la norma no obliga a ningún tipo de inspecciones aleatorias a los vehículos ya en circulación (post-venta), una medida que sería una garantía de control para evitar **engaños sobre los niveles reales de emisión**. Lo que debe importar, no lo olvidemos, es lo que estamos realmente emitiendo con nuestros vehículos en uso y, por tanto, lo que estemos realmente respirando. No averiguar esos datos sería engañarnos a nosotros mismos. Sin embargo, el sistema de homologación actual tiene todos los ingredientes para garantizar precisamente que sigamos instalados en la desinformación, el engaño y la falta de control.

***Samuel Martín-Sosa Rodríguez** es Responsable de Internacional de Ecologistas en Acción.*

Capítulo XV
Mi vida actual

En la actualidad me encuentro esperanzado de ser uno de los artífices que pueda participar de un nuevo cambio. Sigo trabajando por suerte en una de esas empresas proveedoras, sufriendo mucho por cierto, trabajando cada día un poco más y mejor para poder cubrir y cumplir con las exigencias ya conocidas, pero luchando a la vez por cambiar las cosas desde dentro, esperando que con ayuda de otros locos como yo, también venidos de otros mundos de la gran empresa, quieran luchar por recuperar los valores, la dignidad y el protagonismo que poco a poco está perdiendo el trabajador.

En uno de esos días de trabajo, lo comentaba con uno de los compañeros.

—Sólo necesito un loco como yo para empezar a cambiar esto.

No sé quién me escuchó, pero al día siguiente apareció la persona con la que iba a intentar comenzar un nuevo proyecto sindical. Con esta carta nos dábamos a conocer:

27-feb.2016

Nuevo sindicato de PGT en PMS

Reunidos un reducido grupo de personas, delegados de PGT, y por otro afiliados a la misma sección sindical, salimos a la luz con este escrito para daros a conocer nuestra intención.

Deseamos crear una nueva corriente dentro del propio sindicato de PGT en PMS, para renovar totalmente su línea de actuación, y conseguir desde un acercamiento al trabajador, que sus intereses se vean totalmente representados por nosotros y defendidos ante la empresa, con el fin de que todos los esfuerzos que hasta ahora hemos hecho para llegar hasta aquí, no hayan sido en vano.

Entre todos, obreros, técnicos y mandos hemos arrancado esta planta para posicionarla entre las proveedoras del grupo Volkswagen, pero a día de hoy sólo tenemos la producción de dos modelos que en un futuro próximo se dejarán de fabricar, y no tenemos garantías de modelos futuros, habiendo dejado pasar grandes oportunidades de poder hacerlo para otras marcas, como Nissan, lo que sin duda nos hubiera abierto unas puertas para garantizar nuestros puestos de trabajo. Y todo a causa de la nefasta gestión anterior, de la que a día de hoy seguimos recogiendo sus lodos.

Este nuevo impulso sindical lo queremos dar con nuevos delegados que tengan mayor peso específico entre la plantilla y sobre todo, entre la clase trabajadora, para que la comunicación entre empresa y trabajador, "el feed-back" sea más fluida y cercana, con el fin de que los temas de diario se agilicen y sean resueltos. Porque creemos en la importancia del trabajador como motor de la empresa, y por eso queremos devolverle su protagonismo.

1° A la espera de la aprobación del nuevo modelo. ¿Qué proyectos de futuro hay para esta planta? Seria nuestra primera pregunta

2° La empresa debe acondicionar sus instalaciones de cara al próximo verano, los valores de temperatura alcanzados en su interior, en los pasados años, son inadmisibles.

3° Las cargas de trabajo tienen que estar claramente especificadas mediante el método y el tiempo, para facilitar la labor del operario y no saturar los puestos, lo que crea grandes desequilibrios en todo el proceso productivo;

producción, calidad, salud laboral, absentismos y un mal clima de convivencia.

4ª Dotar los puestos de trabajo del material y condiciones necesarias para que el trabajador se pueda enfrentar a ellos, con las máximas garantías de salud, y rendimiento.

Estos 4 puntos tan básicos, están todavía verdes y en el aire, y hace tiempo que deberían haber estado implantados, pero el funcionamiento actual lo ha ralentizado hasta el punto que hoy no sabemos de la viabilidad de esta planta. Es por ello que desde el primer día, si salimos elegidos reforzados por el voto de la plantilla:

1º Propondremos a la empresa, permanentes mesas de trabajo y reuniones para trasladar todos los temas de diario, con la máxima seriedad, rigor y transparencia, buscando su claro compromiso e implicación, con nuestra participación, supervisión y aprobación, para conseguir una profesionalización de la plantilla, una mayor rentabilidad de la empresa y por consiguiente nos permita negociar mejoras sociales y salariales. A la vez nos tendrá al corriente de sus actuaciones y estado de cuentas.

2º Solicitaremos reuniones periódicas con la sección sindical de PGT de las empresas para las que trabajamos, para intercambiar opiniones, estrechar lazos y reforzar apoyos buscando el mejor posicionamiento ante nuestros Clientes

3ª Notificaremos a la sección sindical del grupo Volkswagen, con una carta de presentación, sobre la creación de esta nueva corriente sindical, formada por un grupo de delegados totalmente renovado y actualizado que quiere impulsar prácticas modernas y ser un modelo para el resto de las empresas de la multinacional, que quieran ser rentables y prosperas para recuperar gran parte de el terreno perdido por la clase trabajadora, que en definitiva cuando se crearon estas marcas, fueron las que con su esfuerzo, las hicieron crecer, situándolas en un lugar que les permitió tener lo más importante para un trabajador, el trabajo en condiciones dignas, con un futuro de prosperidad y de garantías para su jubilación.

Para llevar todo esto a un buen puerto, necesitamos de vuestro apoyo. Por eso vamos a facilitar este número de móvil (54S 345 W45) con el que hemos formado un grupo de whatsapp para que todo aquel que quiera agregarse deje su número y nombre o seudónimo, y así poder interactuar entre nosotros, siempre del modo más cordial y constructivo posible. Que en el futuro también nos servirá para exponer los temas, las dudas, inquietudes y comentarios.

Este gran proyecto que queremos emprender es integrador, y nada excluyente.

Tenéis que saber que el trabajador unido puede conseguir todo lo que es justo, por ello no tengáis ningún temor, porque si esto es mal interpretado, manipulado, incluso represaliado, allí nos tendrán con nuestra mayor arma. LA UNIÓN.

Pocas semanas después, fui víctima de un acoso laboral fragrante, que terminó con un episodio de enajenación mental, en la que la mejor de las ideas fue irrumpir en la empresa para recoger firmas de mis propios compañeros, en una carta de denuncia que quería presentar a Recursos Humanos, como finalmente hice, y que decía así:

Carta A RR HH

Yo, Mateo Federico Frías González, con DNI 385554XX-R, y número de identificación de empresa (79XX), me dirijo con esta carta a Recursos Humanos de la empresa PMS Castellbisbal, para poner en su conocimiento y expresarle mi profundo malestar con el nuevo Jefe de Equipo asignado a la zona No Jit, el Sr. Fulanito. Este señor viene desde su llegada, y en especial ayer, metiéndose directamente conmigo a través de continuas guasas, provocaciones y actitudes chulescas, acompañadas con toques de exigencia y reproches de mi trabajo por cualquier acción en el transcurso de la jornada, lo que se viene a llamar acoso laboral. Además de una permanente gestión disciplinaría y amenazante sobre mi y el resto de compañeros, para cumplir con los objetivos de producción y Calidad.

Desde su reciente llegada al grupo, hemos empeorado en las condiciones laborales, estamos sometidos a mayor presión y estrés, innecesarios, puesto que venimos trabajando desde hace tiempo de forma responsable y profesional. Ejemplos como:

—Invitarnos a llevar la cinta transportadora de puertas lo más vacía posible, para su mayor tranquilidad de que no se va a parar la producción, cuando lejos de eso , no sólo venimos trabajando en revisión final, sin parar la cinta, sino que utilizamos el mismo tiempo en cada pieza para poder realizar todos los retrabajos y revisarlas como se merecen, teniendo que correr más para corregir los desequilibrios cuando la faena no viene igual de bien, con el fin de garantizar la producción y la calidad.

—O el habernos quitado el móvil que teníamos para avisar del cambio de lámina, forzándonos ahora a tener que hacerlo gritando desde el puesto del laminado.

Con este escrito quiero expresar el profundo malestar existente, y espero que la empresa tome las medidas que estime oportunas.

La carta en principio está firmada por mi, pero hay testigos de lo que he explicado, y espero que no sea un arma arrojadiza sobre mi persona. Saben perfectamente de mi hacer y mi compromiso con esta empresa desde el primer día, sin haber faltado ni llegar tarde un solo día y cumpliendo fielmente con las tareas asignadas. Pero si finalmente fuera así, cosa que estoy seguro no pasará, solicitaré una recogida de firmas de muchos de mis compañeros que sé que se sienten igual que yo en mayor o menor medida.

En Castellbisbal a 8 de Junio del 2016

Fdo. Mateo Federico Frías González.

En ese estado de enajenación ya me adelanté a recoger esas firmas.

La empresa me sancionó con tres días de empleo y sueldo, por haber irrumpido en sus instalaciones, y abrió un expediente para estudiar el caso.

Yo mientras tanto seguía avanzando, preparando sucesivos escritos. Uno para el organismo de la Seguridad Social, encargado de velar por estos temas, y que no he querido hacer llegar, para evitar daños a la empresa.

Carta a inspección de sanidad por caso de acoso laboral

Antecedentes

La persona en cuestión, el Sr. Fulanito, Jefe de Equipo en la empresa PMS, desde los inicios de esta planta viene realizando su función, conocida por todos los trabajadores que lo han tratado, desde una posición chulesca, prepotente, autoritaria, persecutoria y amenazante. Estamos ante un acoso laboral generalizado, no del todo asimilado por mí, lo que ha provocado una reacción de esta persona, intensificando sus malas prácticas sobre mi persona.

Secuencia de los hechos

Yo como Operario, vengo desarrollando las tareas, desde hace 4 años, principalmente en la zona (No

Jit), no sin gran dificultad y esfuerzo, puesto que las máquinas no están lo suficientemente optimizadas, caso del Espumado o del Umbug, ni las instalaciones bien acondicionadas, por ejemplo tenemos que soportar altas temperaturas en la estación del verano y carecemos de cargas de trabajo en donde se especifique los métodos y el tiempo para realizar las operaciones, lo que se convierte en un trabajo sin límite, al que en ocasiones tenemos que añadir más carga de trabajo en nuestro puesto para cubrir los fallos de máquinas. Por tanto la figura del Jefe de Equipo es más de carácter disciplinario, que de colaborador y gestor del grupo. Y dependemos muy mucho de su criterio, y de despertar su simpatía hacia nosotros.

El Sr. Fulanito, viene destacando por ser uno de los iconos de la empresa, excediéndose en esas funciones. Durante la jornada, su labor consiste, al inicio, en reunir al grupo de operarios para dar una charla sobre los fallos del día anterior, seguido de la amenaza de:

—Que no se vuelva a repetir, si no tendré que subir a alguien arriba.

Refiriéndose a la oficina de Recursos Humanos, en donde se abre el expediente correspondiente.

Otras de sus funciones, ya más secundarias para él, pero primordial para nosotros, es la de facilitar una lista a la entrada del taller con los nombres de los operarios que van a cubrir los distintos puestos del grupo, siguiendo un orden de rotación, esto si lo hace, es ocasionalmente, y si lo hace, luego no se cumplen las rotaciones, siempre por falta de personal cualificado, debido al alto absentismo que hace que siempre se incorporen trabajadores de las empresas de trabajo temporal (ETT). Por eso le tenemos que decir nada más acabar la reunión.

—Fulanito, ¿a dónde voy hoy?

Se utiliza el diminutivo de Lan, porque hay que buscarlo por el taller llamándolo a gritos, muchas veces al cabo del día. Tuvimos unos meses un teléfono para poder llamar al Jefe de Equipo o Mantenimiento, pero se nos fue retirado por él.

Otra ocupación que tiene, es la de tener el material necesario en cada puesto al comenzar la jornada. De la misma manera hay que ir a gritos para localizarlo y que nos lo proporcione.

Otra labor, la de cambiar el rollo de lámina cuando se está agotando, para que no pare la máquina, lo mismo, a gritar.

Y los diferentes problemas que puedan surgir durante la jornada, igualmente, a gritos.

Toda esta manera de proceder, la forma en que nos vemos tratados y forzados a actuar, más las condiciones ambientales y laborales adversas, nos hacen estar sometidos a un permanente estrés en un clima laboral desagradable.

Si las cosas van bien, el muchacho con buen humor, suele meterse con nosotros, con bromitas y guasitas, que nos hacen sentir todavía peor.

Pero si las cosas van mal, entonces se dirige hacia el operario en cuestión, desde lejos, gritando su nombre y sin ningún pudor, para reprocharle cualquier fallo que haya detectado o le hayan comunicado.

Mi caso

Yo con este señor, por ese comportamiento tan nefasto, ya tuve una primera toma de contacto. Cuando me encontraba en el puesto del Laminado, una máquina, en la que tienes 1 minuto para hacer el trabajo y los retrabajos que no hace el Umbug por fallo de las máquinas. Mientras veía como me observaba a tan sólo un par de metros, postrado sobre un contenedor, con esa aptitud chulesca, provocadora y sonrisa ofensiva, mientras yo seguía con mi estresado trabajo, coincidió que hubo un momento en que se terminó una de las piezas que necesitaba para cargar la máquina, justo donde él se encontraba apoyado, debían haber piezas de reserva, cuando me asomé al contenedor para coger una y vi que estaba vacío, se me encendió la sangre, y lo que mejor se me pudo ocurrir, fue hacer unos ejercicios de estiramiento para relajarme, y que el entendió como una ofensa, por ese motivo me subió a la oficina, en donde sin presencia de un delegado sindical fui sometido a una sesión de reproches contra mi, por parte de él, el supervisor, el jefe de planta y la directora de Recursos Humanos. Me temía lo peor, y a pesar de la humillación que sentí, les pedí por favor que me dieran otra oportunidad, que no volvería a pasar.

Volví a mi puesto, y pocos días después me cambiaron de zona, al peor puesto, usaba una máquina lijadora y en pocos minutos ya estaba envuelto en polvo. Seguía dependiendo del Sr. Fulanito. En ese puesto pasé muchos días y largas horas, sometido y con una escasa rotación. Al cabo de 5 meses contraje una enfermedad, la epicondilitis en el brazo derecho, por exceso de exposición a la vibración de la máquina lijadora, otros compañeros también la han contraído en el mismo puesto.

Volví a principios de este año a la zona No Jit, donde había estado siempre, por requerimiento del Jefe de Planta, para formar parte de un nuevo grupo que iba a sustituir a una empresa exterior que le habían rescindido el contrato, Las instalaciones se habían mejorado, nos pusieron un refuerzo para corregir los desequilibrios y además un móvil, para poder llamar, sin tener que gritar. Con estas tres cosas, el trabajo se hacia mucho más llevadero y se podía cumplir con los objetivos de producción y calidad, sin grandes sobreesfuerzos.

Desde hace 1 mes, la empresa ha hecho una nueva distribución de Jefes de Equipo, y con ella la vuelta del Sr. Fulanito a nuestro grupo. Al llegar pudo comprobar que las instalaciones se habían mejorado, que la faena iba bien y que había un grupo cohesionado de trabajadores motivados y profesionales, en donde mi figura se había convertido en la de un líder, más que todo por ser el más antiguo y experimentado del grupo. Desde el primer día, lo primero que hizo fue desarmarnos, quitándonos el móvil, para tener que volver a llamar a gritos, días después nos quitó el refuerzo, y con intervenciones puntuales tocando parámetros de máquinas para intentar mejorar temas puntuales, bajo su criterio y sin el consentimiento de Mantenimiento, ha conseguido que las puertas vayan peor que nunca.

De vuelta a la doctrina disciplinaria, y conociendo de su forma de hacer, he intentado desde el principio llevar mi trabajo a la vez que soportar las malas prácticas ejercidas por este señor, finalmente sin éxito, pues el día anterior a la causa de mi baja, todo se intensificó teniendo que aguantar continuos reproches hacía mi trabajo, y con las amenazas de subirme de nuevo arriba. Finalmente acabé por derrumbarme, y sin dejar de trabajar, sentí una tristeza profunda y ganas de llorar.

Cuando salí de trabajar del turno de tarde, me desperté sobre las 4 de la madrugada después de descansar tan sólo 3 horas, y empezaron a pasarse por mi cabeza diferentes pensamientos, el que mejor tuve fue el que hice, entré a la fábrica para recoger firmas de mis compañeros para que apoyaran el escrito que presenté a Recursos Humanos, explicando la situación.

Hechos Costatados

El Sr. Fulanito intenta someterme acosándome física y moralmente de forma permanente.

1. A pesar de estar informado por la Mutua y la responsable de Prevención de mi limitación para trabajar en el espumado del 370 y de la necesidad de rotar asiduamente para no sobrecargarme, a causa de la dolencia de epicondilitis que había contraído meses atrás, ha probado volver a ponerme en dos ocasiones, sin éxito, puesto que le he tenido que informar de que sentía de nuevo dolor en el brazo.

2. De igual manera ha venido incumpliendo con las rotaciones sistemáticamente.

3. Sin ningún pudor, no escatima esfuerzos en reprocharme en voz alta y delante de mis compañeros, cualquier mínimo detalle, para rebajarme constantemente mi autoestima y avergonzarme públicamente.

4. He tenido que soportar como se mofaba de mí ante los compañeros y tener que aguantar continuas guasas, con expresiones como: "Mateo

que te veo", "Mateo, corren malos tiempos", o hasta "Fulanita, enséñale un pechito al Mateo", quedando ridiculizado ante mis propios compañeros y presentándome ya ante ellos con una bajada de moral terrible.

También quiero mencionar que hace cuestión de 1 mes la Sección Sindical de PGT, presentó mis datos a Recursos Humanos para comunicarle que iba a ocupar una de las plazas vacantes como miembro del comité de empresa, sin que al final pudiera llevarse a cabo por falta de un requisito. Ante este movimiento fallido, he quedado totalmente expuesto y desprotegido ante la empresa, que por lo que me ha llegado de otros compañeros se siente amenazada por una figura como la mía. Esto me hace sospechar que el acoso haya sido promovido por la propia empresa, utilizando a un buen especialista. Un Compañero me informó que al día siguiente de presentar mi baja, literalmente, que se veía un compadreo entre el Jefe de Planta y el Jefe de Equipo.

Cuando causé baja por el cuadro de ansiedad contraído por el acoso laboral descrito, no sabía de la existencia de un departamento de la SS que inspeccionaba estos casos, cuando me lo comentaron los doctores, quedé gratamente sorprendido y en principio protegido.

La realidad que describo en esta carta, junto con la carta presentada a RR HH, con el respaldo de 16 firmas de los 20 compañeros a los que acudí, entre ellos el presidente del comité de empresa, espero que sirva para reforzar el informe sobre este nuevo caso de acoso laboral. También dispongo de mensajes de whatsapp, de conversaciones entre compañeros, que denotan como venía sufriendo esta persecución.

Cuando indaguen sobre lo sucedido, no les será fácil conseguir argumentos parecidos a lo reflejado en este escrito, pues en unos casos el personal de empresa no creo que ofrezca colaboración, y la empresa intentará estar bien preparada para el momento de la inspección, y si se pregunta a algún empleado, posiblemente no hará una declaración sincera, por miedo a represarías, no en vano han sucedido recientemente una serie de despidos improcedentes.

Les ruego que pongan el máximo de interés, en este nuevo caso, pues viendo mi reacción en esa madrugada al despertar con un ataque de ansiedad, tuve la suerte que ya tenía preparada la carta, por si este señor persistía en humillarme. Me agarré a ella como un arma de defensa. Cuando cogí el coche, tarde menos tiempo que nunca, las ruedas chirriaban en las curvas.

Espero que me ayuden, y no me dejen abocado a la desesperación, porque la situación que he descrito es esa, la de un hombre desesperado.

Desearía volver tan pronto fuera posible de nuevo a mi trabajo, en estos 4 años no he faltado ni un sólo día, para mi el trabajo es salud, pero ahora tengo que hacerlo cuando se den las condiciones para poder desempeñar mis tareas de una manera digna.

Les agradezco su atención y el servicio prestado.

Reciban un cordial saludo.

En Castellbisbal a 10 de junio del 2016

Fdo. Mateo Federico Frías González

O esta última, que ya he presentado a los especialistas.

Testimonio

Carta dirigida a:

Dra. Giménez: Médico de familia

Dr. Roberto: Psiquiatra de la SS

Dra. María Belén: Psiquiatra

La USL: Unidad de Salud Laboral

Deseo poner en conocimiento de todos ustedes, la situación actual en la que me encuentro y en la que me veo abocado, además de carácter irreversible. Sirva a su vez de denuncia para que casos como el mío, jamás se vuelvan a repetir.

Antecedentes

Mi historia es amplia, no en vano vengo desarrollando una vida laboral de más de 30 años totalmente vinculado al mundo de la automoción. A día de hoy me veo totalmente incapacitado mentalmente para seguir realizando mis tareas en este sector. Tengo suficientes informes, ejecuciones de despido, testigos, sentencias, expedientes, casos de mobing y de acoso laboral expedientes disciplinarios, y finalmente una enajenación mental sufrida como consecuencia de todo este martirio, además con pruebas que en cualquier momento puedo aportar si es necesario, que demuestran que he llegado al límite de mi capacidad humana para seguir aceptando y soportando esta triste y cruda realidad.

Mis primeros 21 años de vida laboral estuvieron vinculados a la empresa Seat, S.A. de la que participé como trabajador en plantilla, a su desarrollo y crecimiento. Persona totalmente vinculada afectiva y emocionalmente a esta empresa al provenir de una saga familiar que comenzó con mi padre en el 1957, con la fabricación del Seat 600. Todos los que hemos pertenecido a esta gran familia de Seat, sabemos de la importancia que tienen los valores y vínculos adquiridos durante tantos años.

En el año 2009 fui despedido disciplinariamente de Seat, en total secretismo, sin causa claramente justificada, pero suficiente para que el juez sentenciara a favor de la empresa. Sin nunca haber entendido lo que motivó la ejecución de mi despido, después de crecer dentro del seno de la empresa como un buen trabajador y acabando los últimos días como Técnico reconocido, superando dificultades y adversidades, nunca he aceptado esta realidad, y llevo arrastrando desde entonces un trauma, que lejos de aliviarse se ha visto acrecentado.

Hechos

Como trabajador de Seat, he tenido que soportar y superar diferentes aspectos de carácter emocional.

- El despido en cubierto de mi padre a los 60 años.
- El despido disciplinario de mi hermana, ganado en 1ª instancia y posteriormente recurrido por la empresa.

- El despido en el ERE del 2005 de mi mujer, con readmisión a los 2 años. Actualmente es la única que sigue trabajando y está imposibilitada para seguir su actividad normal por una enfermedad degenerativa.
- Un mobing sobre mi persona durante 2 años, reconocido por mi jefe en el juicio de mi despido.
- Y finalmente mi despido en el año 2009.

En los siguientes años realice multitud de intentos por conseguir que me volvieran a readmitir y para que me explicaran realmente que es lo que había hecho mal.

Un despido ejecutado a raíz de un escrito interno que hice a la empresa, solicitando información sobre uno de los vehículos que me había vendido y que no superó las pruebas de la ITV por no cumplir una de las homologaciones.

Como nunca entendí que este simple escrito pudiera motivar tal despido, después de saber que Seat desde la misma fecha en que me despidió, ya estaba montando los motores trucados de la Volkswagen, con el fin de que en los futuros controles de la ITV no fueran detectados los vehículos con exceso de emisiones y así cumplir con la homologación, se ha convertido en la teoría que más fuerza ha cogido.

Y al trauma que arrastro desde entonces, tengo que añadir mi indignación.

Actualmente vengo trabajando, desde hace 4 años en una de las empresas proveedoras de Seat. Con tal suerte que:

- Tengo que agradecer que me hayan contratado. He seguido trabajando como desde el primer día con total dedicación, esfuerzo y actitud. Con menos juventud, pues ya tengo 51 años, pero con la experiencia he podido suplir esta merma.
- Desde el primer día he sido relegado a los puestos más duros, en condiciones materiales y ambientales difíciles, siendo mi experiencia, en todo los sentidos, y a todos los niveles, un obstáculo, por tocar egos y falsas rivalidades.
- Aceptando esta nueva realidad, me he esforzado día tras día por superarme y poder vencer las adversidades.
- He estado sometido a un permanente estrés en los puestos de trabajo, al no tener claramente definida la carga de trabajo y por otro lado ser la exigencia máxima, para cubrir con la calidad requerida.
- He contraído una enfermedad laboral como la epicondilitis por exceso de exposición a una de las máquinas lijadoras. Acentuándose el dolor los días que no se respetan las rotaciones.
- Tengo trastornos del sueño, sobre todo en los cambios de turno.

- A pesar de todo ello, después de conseguir superar todas estas trabas, finalmente he tenido que sufrir un caso de acoso laboral fragrante.
- Este acoso ha desembocado en una enajenación mental, que me llevó a pensar como mejor de las ideas, irrumpir en las instalaciones de la empresa con una carta de denuncia dirigida a Recursos Humanos, en la que solicité la firma de apoyo a los compañeros.
- Fui expulsado de sus instalaciones.

- He sido sancionado con la suspensión de empleo y sueldo, durante tres días.

Mi situación

Mi vida diaria, es absolutamente normal, tengo familia, mujer y dos hijas.

He recibido soporte médico y medicación, sin resultado positivo.

Si que necesito y les pido que tengan la comprensión suficiente, para que vean que la secuencia de hechos que me han llevado hasta esta situación límite, hacen que hoy me encuentre totalmente incapacitado para seguir trabajando en este sector de la automoción.

Por todo ello, les solicito ayuda para que me aparten de este foco enfermizo, y tenga reconocida una retribución justa para que no me quede, como se suele decir, con una mano atrás y otra delante.

Espero haber contribuido con este testimonio, a que se abran nuevas líneas de investigación sobre lo que está sucediendo en este sector, o casos parecidos en otros sectores.

Estoy a la entera disposición, para seguir prestando colaboración, para cualquier aclaración, presentar documentación y todo lo que ustedes estimen oportuno.

Les agradezco la atención y comprensión que por adelantado les haya merecido este escrito.

Reciban un cordial saludo.

En Castellbisbal a 29 de junio del 2016

Fdo. Mateo Federico Frías González

Capítulo XVI
Albuñuelas

Quiero dedicar este capítulo especial a un pueblecito que me tiene cautivado, en el que a veces pienso, cuando me siento muy estresado, sabiendo que si algún día ya no puedo más, acudiré hasta él para que me acoja entre sus gentes. Con el deber cumplido y sabiendo que lo he dado todo en esta vida, ya sólo me quedará hacer una vida tranquila, serena y en paz conmigo mismos. Situado en el Valle de Lecrín, frente al Pico del Veleta en Sierra Nevada, un valle rodeado de frondosos naranjos que iluminan el camino del color de su fruto, hasta llegar a sus estrechas calles que se introducen a través del alargado cañón que guían el curso del Río Santo.

Un pueblo con olivos centenarios de la época en que estuvo sitiada por los moros, con pequeñas cuevas escavadas como refugios y para ocupar posiciones de tiro en guerras pasadas.

Cuenta una de sus leyendas, que por las noches se aparece una luz a algunos de los que pasean por su rambla, la famosa ya conocida como la

"Luz de la Rambla" y que dicen que intenta guiar al viandante hacia el lugar donde se encuentra un tesoro escondido.

Un pueblo que surgió de sus cenizas cuando fue castigado por un gran terremoto, al que le llamaron "el terremoto de Andalucía", en 1884, y que vio como sus casas desaparecían entre la tierra, y con ellas más de 100 personas.

Escondido y protegido por dos altas paredes verticales que sólo lo dejan ver cuando llegas a él, y que para atravesarlo tienes que ir en la dirección que lleva al nacimiento de su río, al que fluyen numerosos chorros de agua fresca, que bañan sus fuentes.

Contemplar el paisaje nevado de la Sierra, es otra de sus maravillas.

Un pueblo misterioso, que desprende una energía que te envuelve y te atrapa de tal forma, que sabes estar pisando una tierra desconocida, única y diferente, que te transporta a uno de los confines más maravillosos del planeta.

Sus gentes, hospitalarias, a la vez encierran un código interno difícil de descifrar, si tienes la oportunidad de escuchar y disfrutar de sus conversaciones, puede que te cueste seguir el hilo, y debes apoyarte en el contexto de lo que se está hablando, y traducir palabras de un dialecto andaluz.

Un pueblo que ha subsistido gracias al sacrifico de sus hombres, mujeres y niños que sin pensarlo han cogido sus maletas para hacer las temporadas de aceituna, uvas y cañas, y luego volver, para hacer una vida sencilla, cultivando sus huertos y ahorrando parte de lo ganado. Sin escatimar esfuerzos para que sus hijos, si así lo desean, puedan ejercer sus estudios universitarios en Granada.

Gente luchadora, honrada, muy capacitada, de sabiduría, un ejemplo de vida, de cómo por estos caminos también se puede llegar a todas partes, y con la cabeza alta, cargados de dignidad, personas de Albuñuelas que han tenido o decidido emigrar, dejan su rastro, y con su semilla, siembran los lugares allí a donde van.

Un pueblo por el que vela Nuestro Padre Jesús y la Virgen de las Angustias. Cuando llega la Semana Santa sus imágenes perfectas son llevadas a hombros para pasearlas por sus calles, y mostradlas a los vecinos y turistas que se asoman para verlas, adorarlas, saludarlas, tocarlas, persignarse a su paso, cantándoles saetas, y gritándoles vivas.

Imágenes que descansan en una bonita iglesia, que se llena todos los domingos, cuando acuden sus vecinos a misa.

Pero si aún así todavía necesito momentos de mayor remanso de paz, se que lo encontraré en otro de los pequeños pueblos de la Alpujarra, en el que nacieron mis abuelos y mis padres, Rubite, hoy convertido casi en una aldea, situado en la montaña de las Alpujarras y encarado hacia el mar Mediterráneo, desde donde a una altura de 700 metros se puede contemplar en la lejanía, o volviendo la vista atrás podemos ver los montes siempre nevados del pico del Veleta y el Mulhacén. Un pueblo del que me gusta siempre recordar que está acariciado por la húmeda brisa marina, cuando sopla el viento desde el mar, o del aire seco de la montaña cuando lo hace desde Sierra Nevada. Un lugar en el que se escucha el silencio por las noches, cuando todo el mundo duerme, ningún ruido interfiere tu descanso o interrumpe tu sueño. Algo sencillamente maravilloso, un paso más cerca del cielo.

Capítulo XVII
Deseos

Mis deseos serían que con lo recaudado en la venta de este libro, caso de que sea editado, de forma simbólica, si se recauda poco, y de forma más significativa si finalmente tiene éxito, aportar un 25% repartido de la forma siguiente.

—UNICEF

—Asociación representada por Sor Lucia Caram.

—Comunidades de la Virgen de las Angustias en Albuñuelas y de San Cayetano en Jolucar.

—Un nuevo sindicato nacido a principios de este año, apolítico y cuya única financiación es la aportada por sus afiliados, llamado "El Teu Sindicat" (tu sindicato).

—Una nueva organización que nazca con el fin de acabar con la miseria que sufre parte de la humanidad y con las miserias humanas de la otra.

Formada por un cuerpo de sabios reconocidos, que la dirijan, centrando todos sus esfuerzos en orientar el mundo hacia una nueva dirección. Para que puedan suplantar a las actuales prácticas capitalistas que lo están destruyendo.

Otro deseo que se antoja harto imposible, aunque por otro lado lo voy a intentar sin querer ser pretencioso, es que este libro pueda llegar a las manos del Sr. Leonardo Dicaprio, para que sea apadrinado por él. Una persona sensibilizada con el problema del cambio climático, hasta el punto de haber adquirido los derechos para la emisión de una película en Hollywood relacionada con el caso del fraude de las emisiones, cometido por la tristemente hoy conocida marca Volkswagen. Y por otro lado deseo que sea bautizado por el Papa Francisco, una de las mejores personas que ha dado la humanidad.

Si el día que envié ese escrito interno para poner en conocimiento una anomalía, Seat hubiera sabido que yo tenía conocimiento del fraude que estaban haciendo, posiblemente hoy sería un alto ejecutivo de esta empresa con multitud de influencia.

O si Seat hubiera estado ejerciendo su actividad de forma correcta, pienso que nunca se hubiera desprendido de un buen empleado, bien formado y con gran experiencia, acumulada durante los años en que esta empresa hacia honor a un buen nombre.

O si el Sr. Juez hubiera juzgado mi despido con la información que circula hoy en día, quizás hubiera sentenciado con un despido nulo y hoy estaría trabajando de nuevo en Seat, tal y como he deseado siempre, volviendo a mis orígenes y al lugar de donde jamás debería haber salido.

Estoy seguro que si mi carta de despido hubiera estado dirigida a las personas que han protagonizado tal desastre para la naturaleza, hoy estaríamos hablando de un mundo menos contaminado y humanamente mejor.

Volkswagen deberá rendir cuentas ante la justicia, indemnizar y compensar a sus clientes, corregir los desequilibrios medioambientales a los que ha contribuido y finalmente dar una explicación a todos los trabajadores de su grupo del porque ha llegado hasta aquí, pidiéndoles disculpas.

Volkswagen debería presentar ante la opinión pública a todos los que hayan contribuido, participado y sabido de tal fraude, apartándolos para siempre de sus filas, para dar paso a una nueva línea de personal competente que pueda limpiar la marca y devolverla a sus orígenes.

Cuando me encuentro escribiendo las últimas líneas de mi libro, a día de hoy, Volkswagen todavía no ha encontrado una solución para reparar el trucaje de los coches vendidos a sus clientes.

Levantado desde la hora en que se van a trabajar los que entran a turno de mañana, aprovecho para ir resumiendo mi historia.

Antes de que entre yo al turno de tarde, aquí sentado frente a la chimenea, viendo a mi perrita dormir plácidamente, me siento privilegiado de estar viviendo una película así, como extraída del Renacido, en la que después de haber sido presa de las zarpas de un gigante de la automoción, he sobrevivido, arrastrándome como un moribundo, y resurgido de mis cenizas, cuando ya me habían dado por muerto. Cuando Volkswagen tiene todavía a millones de clientes esperando una respuesta, yo cada mañana cuando llevo a mi hija al cole en mi Fiat Seisento, siempre me encuentro circulando algún coche de los que yo había vendido o me cruzo con alguno de mis clientes, al que saludo o con el que intercambio impresiones y charlamos tranquilamente. Mientras Volkswagen pasa por su peor momento, yo me encuentro en la plenitud, esta circunstancia ha permitido que me atreva con este libro, porque ahora ha confluido ese momento en el que David puede ser escuchado por Goliat. Relegado a la última expresión, pero con todas las claves y teclas que hay que tocar para que las cosas funcionen.

Yo que soy del Barça, y ahora que se nos fue nuestro amigo Johan Cruyff, aprovecho para decir, que fue una persona que llegó a un gran Club que contaba su historia por grandes expectativas fracasadas. El hombre que desde que llegó como jugador, cambió esa dinámica y que más tarde como entrenador, implantó una nueva filosofía del fútbol. Luego desde la sombra, como ideólogo y brujo, se hacía escuchar, removiendo conciencias, sin herir sensibilidades. Sabía como dar en el origen de los males. El Barça, una estructura tan compleja, dotada de una perfecto engranaje, que con buena filosofía, llevada a cabo por buenos profesionales a conseguido ser un club reconocido en todo el mundo, mucho más de lo que ya era antes.

Todos los nombres utilizados en esta historia real, son en su mayoría ficticios, para no invadir la intimidad.

A algunas de las empresas mencionadas, no he podido evitar nombrarlas, porque hubiera supuesto desvirtuar totalmente la historia. He narrado la cruda realidad de mi experiencia con hechos sobradamente probados, opinando con la libertad del que ha vivido y conoce su funcionamiento, intentando abrir una puerta para que se hable de estas y otras empresas de este sector u otros similares, se investiguen abiertamente, se estudie y analice la vida social que existe dentro de ellas, ya que nos ocupan gran parte del día, y de ellas dependemos parte de la población mundial, con el fin de cambiar las inercias que puedan llevar a convertir estos centros en pequeños nuevos campos de concentración.

La visión de un trabajador como el que se ha atrevido a contar lo que piensa, puede ser una gran oportunidad para tomar nota por parte de los responsables que tienen capacidad para cambiar las cosas. Todos sabemos que la marca VW pasa por horas bajas y el peor momento de su historia pero nadie pone en duda que conseguirá salir adelante. Por esos es un excelente momento para que lo haga sin cierres en falso, ejerciendo la autocrítica, apoyándose en libros como este, que sin dejar de ser una opinión más, merece la pena asegurarse mediante un estudio profundo y sincero de la verdadera realidad social que existe.

Ojalá en la segunda parte del libro en la que ya estoy pensando, pueda narrar mejores experiencias y otras opiniones.

Aún hoy en día cuando uno de mis clientes o amigos me pide asesoramiento para comprar un coche, les aconsejo sin dudar que compren un Seat, porque sigo siendo fiel y creo profundamente en la marca que me vió nacer.

Espero con este libro, haber arrojado más luces que sombras.

Autor: Mateo Federico Frías González

Ruego a todos los que hayan tenido a bien comprar y leer este libro, y se sientan identificados de alguna u otra manera, tengan la amabilidad de ponerse en contacto conmigo, enviándome una solicitud de amistad a través del Facebook o Twitter.

Me podrán localizar en facebook buscando por:

Mateo Federico Frias González

Seat-Volkswagen Group

Enviándome un mensaje por el chat, una vez les haya aceptado, diciéndome a que colectivo pertenecen y que están interesados en participar con sus firmas. Y por supuesto para intercambiar opiniones e impresiones

Y en Twitter: Mateo@federico2056

Con el fin de contar con sus apoyos sobre las opiniones vertidas en este libro y evitar cualquier intento por parte de la multinacional de demandarme.

La confirmación por el chat ya me servirá para poder hacer frente a una posible demanda. A los que se encuentren más próximos a la zona de

Castellbisbal, podremos quedar un día para recoger las firmas físicamente.

Les agradezco enormemente su atención. He podido transmitir una historia, que a la vez me ha servido como terapia.

Estoy seguro que esta vez no caerá una vez más en saco roto.

Quedo a la espera de recibir sus solicitudes de amistad.

Para todo aquel que se haya sensibilizado o conmovido con este libro, les envío un eterno abrazo.

Colectivo de Volkswagen:

Colectivo de Seat:

Colectivo de empresas proveedoras del grupo:

Colectivo de otras marcas:

Colectivo de otros sectores:

Colectivo de Sindicatos:

Colectivo de Lectores: